青少年 科普图书馆

OOLA BOOLA'S TALES

世界科普巨匠经典译丛·第二辑

乌拉·波拉故事集

（德）柏吉尔 著　朱敏 译

上海科学普及出版社

图书在版编目（CIP）数据

乌拉·波拉故事集/（德）柏吉尔著；朱敏译. —上海：上海科学普及出版社，2013.10（2022.6重印）

（世界科普巨匠经典译丛·第二辑）

ISBN 978-7-5427-5846-0

Ⅰ.①乌… Ⅱ.①柏… ②朱… Ⅲ.①科学知识－普及读物 Ⅳ.① Z228.2

中国版本图书馆 CIP 数据核字 (2013) 第 177267 号

责任编辑：李 蕾

世界科普巨匠经典译丛·第二辑
乌拉·波拉故事集
（德）柏吉尔 著 朱敏 译
上海科学普及出版社出版发行
（上海中山北路 832 号 邮编 200070）
http://www.pspsh.com

各地新华书店经销 三河市金泰源印务有限公司印刷
开本 787×1092 1/12 印张 14.5 字数 176 000
2013 年 10 月第 1 版 2022 年 6 月第 3 次印刷
ISBN 978-7-5427-5846-0 定价：32.80 元

本书如有缺页、错装或坏损等严重质量问题
请向出版社联系调换

目录

章节	页码
第一章 关于乌拉·波拉博士	001
第二章 小水滴的故事	006
第三章 火柴与蜡烛	018
第四章 生活在月球的一天	028
第五章 世界末日	045
第六章 鬼迷亨利	049
第七章 潜水员杜兰德	061

CONTENTS

目录

第八章	081
太阳请假	

第九章	088
风暴四弟兄	

第十章	107
琥 珀	

第十一章	112
金刚石和自己的兄弟们	

第十二章	122
冰 山	

第十三章	131
老 树	

第十四章	136
怪异世界	

第十五章	155
曲别针	

第十六章	165
被埋没的城市	

第一章
关于乌拉·波拉博士

我可爱的孩子们！当这本关于乌拉·波拉博士的故事书出现在你面前的时候，你一定特别想知道这是怎样的一个故事，对吧？并且对这个故事的主人公充满了好奇。

其实，这个博士的本名并不叫乌拉·波拉，他真实的名字早就被人们忘记了，即使有的孩子听说过，也早就想不起来了。在我的记忆中，他是一个很奇怪的老者，和乌拉·波拉这个名字一样怪异得很。

格斯拉是古罗马的古城，它就坐落在哈尔茨山上那浓密的杉树丛中。在这个古老的城市里，那陈旧的高塔已经布满了苔藓，道路异常狭窄，那些房子看起来好像也有几百年的历史了。在很久以前，乌拉·波拉博士就生活在这座小城里，小城镇就地处在伦梅尔斯堡山麓上。这个小城的地下还有很多拿着鹰嘴锄辛勤劳作的矿工。乌拉·波拉博士的日子是相当寂寞的。他的住所连同这里其他中世纪的房屋都非常古老，乌拉·波拉博士的住所甚至还有点倾斜。房子上的小窗就如同一双模糊的眼睛在打量着当今的世界。在房顶上，还有一个用青石板搭建起来的小阁楼，他所用的青石板，和孩子们在学堂里使用的一模一样。乌拉·波拉将一架很大的望远镜放在了这间小阁楼里，一有空，他就在这里看天上的星星、月亮。房子被分割成了两间，当然了，都非常简陋，里面的橱柜都已经过时了，挂钟的形状也是相当的奇怪，那些杂物就零散地堆在角落里。其中一间屋子被他用书填满了，以至于人进去之后只能站在那里。另外一间就更不像话了，可以说和博物馆没有什么区别。各种剥制出来的动物、鱼和蜗牛的化石、骨关节和骨架、形态各异的蝴蝶以及罕见的壳虫标本，还有什么地球仪、天体测量器、电机械、显微设备等等几百种实验工具，甚至有些东西连名字都叫不上来！这就是乌拉·波拉生活了一辈子的屋子，他就像一只穿梭于洞中的老鼠。他没结过婚，当然也不会有儿女；克立斯蒂娜是一个终日戴着黑色大睡帽的老妇人，也是唯一一个常年为乌拉·波拉打理生活的人。这主要是因为他太抠门了。

你要是想知道乌拉·波拉长得什么模样，那我就可以告诉你，他的相貌绝对是世间少有的！他个子太高了，进屋门的时候都要低下头，然而他却骨瘦如柴，站在那里就像一根细竹篙。他的脸上刻满了岁月的痕迹；灰白的头发披散在脑后，嘴上边的胡子刮得一根不剩，暗褐色的脸庞如同一杆古老的烟斗。可是，在我们这些孩子的眼里，最为稀奇古怪的要数乌拉·波拉衣领上面那根细小的辫子了。这根辫子简直太小了，和老鼠的尾巴不相上下。在辫子的末梢，还系了一个黑色的蝴蝶结。父亲曾经对我说过，这种装扮在以前的画册中就能找到，那个年代的人，都是绑着辫子的。在那个时候，年老的乌拉·波拉博士已经是年近古稀了，时间先生早已把剪发的时尚送到了人们的身边，人们的大辫子因此

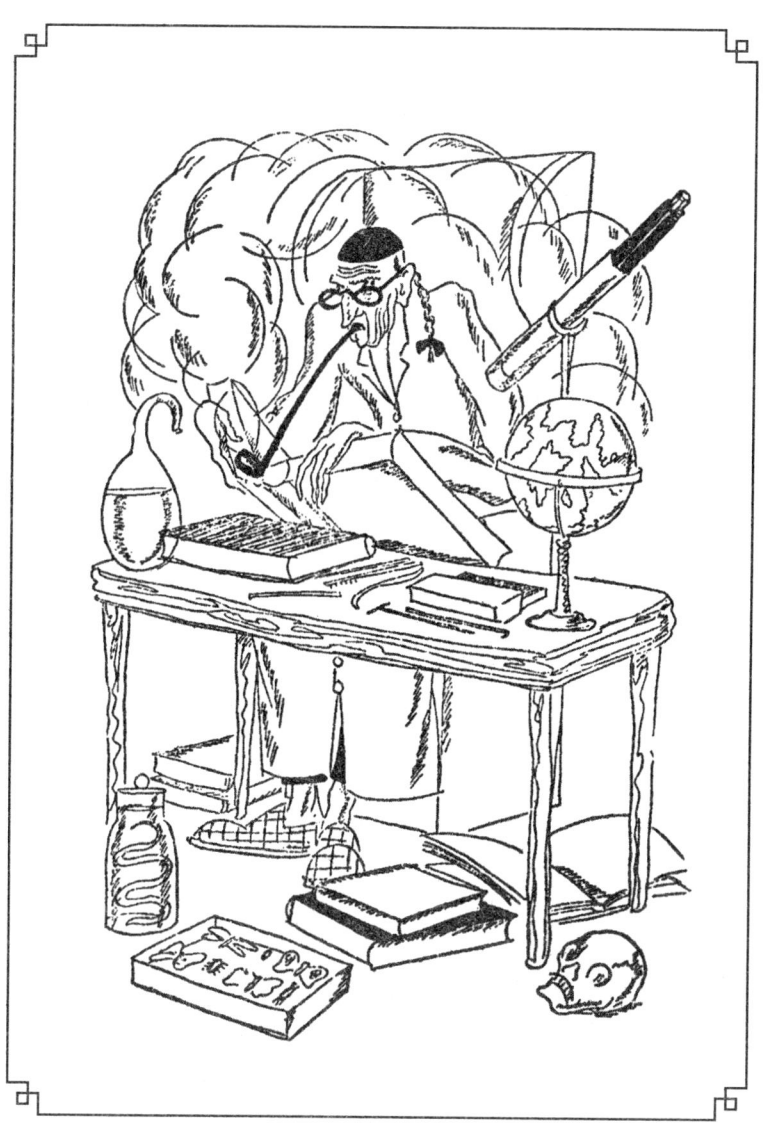

他看起来很古怪

已经不多见了，但是它却令年老的乌拉·波拉恋恋不舍。乌拉·波拉的形象因此而显得好笑极了。一副镶嵌着两块大圆玻璃的硕大玳瑁眼镜，高高地架在他弯弯的鼻梁上，每当他陷于深思，眼皮眨动的时候，经过这个眼镜的配合，竟和猫头鹰的脸庞像极了，再有就是和当地人方言中提到的"乌拉"有着一拼。

他的绰号就是这样被人们叫起来的。他的本名是非常简洁的波拉博士，可是他总是被小朋友们调皮地称呼为乌拉·波拉博士。

由冬至夏，他总是上身披一件灰色直领的上衣，配有一双亮丽的毡呢鞋子拖拉在脚下。在书籍和仪器的旁边，总可以看到他叼着长长的烟斗喷云吐雾的样子。他对于一些发生在外界的事情是从不过问的。

虽说人们总少不了追在背后嘲笑这个形象古怪的老人，可是依然不忘对他礼貌有加，每当他站在窗口向外注视，或者正在修剪园子里的花木时，总是受到人们的摘帽行礼。这都是因为他学识渊博的缘故，住在附近的老师、医生、牧师，以至于当地的行政长官都没有他知道的东西多。这样的说法可能有些过头了，毕竟这些先生长官们一直都自认为他有过人的才智。很多富含哲理的书籍被乌拉·波拉编写出来，他也因此而收到了来自世界各地有名教授的很多请教信。

可是，你依然不能理解，乌拉·波拉讲这些故事的原因究竟是什么呢？

其实原因很简单：一个装有喷泉的小广场就建设在乌拉·波拉的屋子前面。我们的小伙伴都喜欢来这个小广场玩耍。这位老人的研究工作肯定是被小伙伴们犹如麻雀般的叫声吵到了，这令他十分不愉快。对于这样的骚扰，阻止申诉是没有效果的，他只能想别的办法来解决。那是一个夏天的傍晚，我和小伙伴们正和往常一样在喷泉边玩耍，但是克立斯蒂娜却走了过来邀请我们到博士的屋里去做客，还说是博士自己的意思。对这间从来没有接待过访客的屋子，我们的心中充满了好奇和说不出的异样感觉，最终经过一番思想斗争，我们中几个胆子比较大的小伙伴，跑进了这间屋里。进去的人最终听到了乌拉·波拉的一大段宏谈高论。他用一种粗声粗气的怪异声调对我们说："你们这帮小家伙太顽皮了，如果现在不加以管教，说不定以后会变为坏蛋。假如你们保证以后不再来喷泉边大声嚷嚷，并且不再向我的花园里扔小石子，那我就会在每周日的晚上请你们吃美味的点心，并且给你们讲好听的故事。我还会教给你们如何利用望远镜来观察天上的星星和月亮，并对各式各样的天象进行分析。"

这就是乌拉·波拉故事的由来！一开始，只有很少的人来听故事，之后人数逐渐地增加，最后全体小伙伴都加入了这个聚会。喷泉边无尽的吵闹声从此被这生动的故事和美味的点心替代了，小伙伴们再也不招惹乌拉波拉生气了。瞧！这个怪异的老头是何等的聪明呀！在他的故事中，找不到妖怪和巫女，也听不到公主和青蛙王子，反正任何的妖魔鬼怪都没有，可是他讲的故事却依然充满了吸引力。他其实只是以一种童话的形式在为我们讲授一些科学知识罢了。这就好比我们吃过的味道极苦的药一样，科学家为了便于我们吃下去，在药的表层包了一层糖衣。学识渊博的乌拉·波拉把一层童话的外衣披在自然界的奇闻轶事上面，用意也在于此。

这里所写的是我所能记起的所有故事。假如你能够用心把它们都读上一遍，相信你一定可以从中学到很多的有关太阳、星星、月亮、风、雨、雷、电，以及海底和火山的知识。

第二章
小水滴的故事

"小朋友们,你们今天将要听到的是有关一个小不点的故事,对这个小不点你们并不陌生,这个小不点会出现在任何的地方,不管你们是否喜欢。我说的这个小不点就是小水滴。"乌拉·波拉博士开始说道。

"可是,这么一个小不点,用不了一、二、三!就没有了,说完了,这故事会不会太短了!乌拉·波拉。"

乌拉·波拉一边用色彩斑斓的大手帕擦拭自己的玳瑁眼镜,一边笑着回答:"根本就是瞎说!愚蠢的小家伙!好像你们个个都无所不知,无所不晓似的!我的故事就要开始了,谁要是不乐意等,就请主动出去好了。不要瞧不起这个微小的小水滴,比较知识和用途,它要远远超过你们好多倍,

不仅如此,它还从来不和我老人家过不去,不像你们这帮小家伙!"

我们所有人赶紧坐整齐了,一边喝茶,一边大口大口地吃着镶嵌着满是葡萄干的大蛋糕。这是老克立斯蒂娜制作的,特别好吃。

乌拉·波拉总算开始讲故事了:

一个正在哭泣的小姑娘慢慢坐在了花园里的接骨木树下,她脸颊上正有一颗小泪滴慢慢滚落下来。人们把她的母亲抬到坟墓里去了。此刻的她悲伤极了,因为这个世界上她唯一的母亲离她远去了。这颗慢慢落下的小泪滴透着可爱和温暖,犹如七月的太阳,它不停地闪烁着,就好比那金刚钻。小水滴就这样悄然诞生了。

可是小水滴自己并没有感到悲伤。它非常高兴自己能够在这个世界上生存。仰望着高高在上,不断地为大地散布光和热的太阳,小水滴静静地坐在那里,独自享受着那份柔和与温暖。它不禁暗暗想着:"不知这盏明灯的另一边是什么样子,我如果可以到达那里,那该是一件多么令人高兴的事情呀!"它的身体就这样,在它对太阳的朝思暮想中显得消瘦了许多,并且一直都在变小,直到最后,小水滴消失在了人们的视线里。

你们此刻一定是在想,故事讲完了,水滴消失后,老乌拉·波拉的故事就没有了,这是你们之前早就预料好的。可是你们错了,我的故事才刚刚开始而已!小家伙们,你们的想法全都是子虚乌有的。千万不要以为小水滴消失在我们的视线里,就是完全没有了。没有任何东西会在这个世界上凭空消失。假如真的有东西会消失,我们的境地一定非常尴尬!你们所有人都要谨记这一点,世界上没有任何东西会消失不存在的,只不过它们都在不断地变换着自己的存在形式。此刻的小水滴,不过是被太阳的高温灼热变化成了数不尽的、我们肉眼看不到的细微颗粒,这些颗粒充满在轻飘飘的空气里,它们不断地随风飘荡着。这些颗粒最终来到了一片大草原上,那里长满了细细的杉树。太阳把地面上的沙土晒得滚烫，这温度传给了下面的空气，促使它们不断地升温变轻并上浮，这就好比屋里的热空气总会不断地飞向屋顶。我们小水滴变化成的小颗粒，也不断地跟随被迫上升的气流慢慢上升，越来越高，一直上升到了蔚蓝的天空里。

高空的温度非常低，小颗粒在高空遇冷后又再次凝聚在一起。这样，成千上万个小颗粒的伙伴们凝聚在一起形成了云。刚刚那个哭泣的小姑娘此刻正在云层下面的小村庄里，她正抬头望着天上的云彩，她无论如何也想不到这里面就包含了她刚刚流过的泪滴，即便看到了，她也认不出来了。这样的事情时常出现在我们的日常生活中，许多年一直没有见过面的老朋友，当他们再次见面的时候都已经是白发苍苍了，衣着也和原来大不相同了，以至于他们彼此都认不出对方了。

在高空云层里的小水滴，飞呀飞，越过了陆地和海洋。小水滴不停地思索："如此广阔的世界，居然到处都有人居住。"它继续向南飘去，傍晚时分，它就飘到了地中海的上空，意大利海岸上亮丽的灯光依稀可见。此时云层中又吸收了很多来自下方的潮湿水分，这是从海面上慢慢飘上来的饱含水分的潮气。云层渐渐容纳不下了，因为随着太阳的下山，温度再次降低了，云层中那些微小的水滴颗粒，又再次凝结成了水滴。结果这些云层中超载的水滴，最后全部被散落下来了。我们的小水滴就伴随着自己不计其数的小伙伴随风飘落下来，速度逐渐地增长，这就成了雨点。

在下面涌动着绿色波浪的海面上，正在高速行驶着一艘巨轮，不断地有绿色、红色、白色的光芒从这艘轮船上射出来。一个水花四溅的旋涡被螺旋桨不停地搅动着。守在岗位上的舵工两眼直望向无边的黑暗。远处，那不勒斯港口灯塔上的灯光一闪一闪的。"如果不是这个大雨，我们早就到达港口了。"舵工抱怨着。任何一个海员遇到这样大风大雨的天气都不会高兴的，他也不会例外，对暴风雨不住地诅咒。

"吧嗒"一声脆响！我们的小水滴总算完成了高空旅行，最后落进了大海里。于是，它为自己感到庆幸，"总算安全了！我总算到达了坚实的怀抱。"高空中的旅行真的是太危险了，这主要是你不知道，最终在下面迎接自己的将会是一个什么样的地方。而我们的小水滴现在是安全了，因为它的降落地点是在自己所属的海洋里。要奔赴理想，就要挺进万难，难道不是吗？就在小水滴降落后一分钟不到，一艘速度很快的轮船"格腾，格腾"行驶过来。你们要明白，为了能够产生足够使螺旋桨推进器转动并把轮船推向前进的蒸汽，轮船的引擎对水和煤的需求量非常大，它就像个特别贪得无厌的大怪物。一个小水筒被安装在轮船的一边，它是用来为锅炉加水的，正当小水筒张着大嘴巴吸水的时候，它和我们的小水滴迎头撞个正着。

一股强大的吸力把小水滴抓进了一个巨大的漩涡中，也就几秒钟的时间，这股力量就把它送入了锅炉。天呀！真是件倒霉的事情！小水滴在这个铁皮怪物里被蒸昏了。锅炉中的水管不断被大火冲击着，里面的水变成了水蒸气。小水滴挣扎得实在有些累了。在陆续的拉、扯、摘、扭等作用下，小水滴被撕得粉碎，结果它再次变成了微小的颗粒。小水滴已经变成了蒸汽，并在一股巨大压力的驱使下进了一个空间狭窄的管道。小水滴（其实它早已不再是小水滴了）暗暗嘀咕着："我没命啦！在这样的条件下没有人能够幸免，我现在是彻底完蛋了！"它忽然救命似的望见了一个洞口，这是蒸汽引擎的入口处。蒸气以无比巨大的力量冲了进去，蒸汽愤怒极了，把刚在锅炉中所受到的一切不满和怨恨，全都还给了前面阻挡去路的小活塞。终于，小活塞在所有蒸汽的共同努力下被推开了，小活塞太惊讶了，不停地向后退去，连同和自己相连的连杆，再有形体巨大的曲柄轴，最后是螺旋推进器旋转，推动了轮船的前行。

可是，在做完了这一系列的运动后，小水滴已经软弱无力了！很多的废气经过排气管被排了出来，蒸汽在外面再次遇冷又变回了小水滴。我们的小主角总算在活地狱中逃了出来，它经过排水管流回了大海。

小水滴心里默默想着："真的是有惊无险呀！我刚刚出世，在小姑娘脸上懒懒地晒太阳的时候，怎么也不会想到，在某一天，会和伙伴们一起送一艘轮船去那不勒斯呀！这真的是一个怪异的世界。"

　　伴随着波浪，小水滴慢慢游荡着，脑海中渐渐忘却了那段可怕的经历。漂流在这朗朗的南方海岸，太美了，海岸两旁到处都是橘子树和橄榄树，到处都回荡着意大利人和西班牙人对自己国歌的高唱声。炙热的阳光在中午再次降临了，小水滴们又被蒸发成了水蒸气，笼罩着整个海面和海岸线的淡蓝色的天幕，就是由这四处游荡的水蒸气形成的。被烤得周身通红的工人站满了田野和园子里，额角上的汗水被他们不停地擦拭着："唉！天气太闷热了！"抱怨声音不绝于耳。

　　我们的小水滴又一次以水蒸气的形式飘游在高空中。真的太可恶了：寂静的天空一点风也没有，小水滴们只能在同一个地方呆着，无聊之极。睡着的风直到晚上才醒了过来，水蒸气被刚刚醒来的风儿吹过了海面，吹到了非洲的海岸。非洲大地上的白沙被火似的阳光烘烤得像是炉灶里的烘盘。被吹过来的水汽被这高温烘烤着不停地向高空冲去，像是个氢气球。高空中有着冰一般的温度，如此低的温度又使微小的水颗粒凝结成了带尖的冰针，一再地聚集后又形成了冰云。这是距离地面最高的云层了，那里距离地面很高，大概有十千米左右，也只有如此高的地方才会凝结成冰云。这种奇特的云彩被地面上的人们看到了，人们都啧啧地称赞："瞧，那边一朵美丽的羽毛云正飘浮在上空。真的像是圣彼得抖落掉的海鸭绒垫子！"

　　这冰云被寒风一直吹着飘向了北方，转眼就到了阿尔卑斯山，山顶上堆满了积雪，高空中飘浮着冰云。山下却是一片美丽的草地，山脚下的茅屋旁有一头牛儿正吃着嫩绿的青草，另外还有一些小村庄分布在下面。冰峰和积雪只能停留在山顶，那里布满了沉寂的空气。

　　受到自身重量的影响，冰云慢慢地下沉，半空中，其他的水滴颗粒不断地向这边靠拢，这使得冰针不断地变换，最后成了极其美丽的星雪形状，如此精美绝伦的形状，即便是最伟大的艺术家也无法雕刻出来。最后，它们渐渐落到了地上：这就是雪。

如此，我们的小水滴转变成了一件精美的艺术品，星状的雪花，这得意的作品是冰冻先生的功劳，不必利用任何的工具，数以万计的艺术品瞬间被制作成功了！天空中徐徐飘落的星状小雪花，有着非常多的同伴，它们有的相互粘贴在一起，上下左右地结合，这就变化成了大朵的雪花，这中间就包含着我们的小水滴。

成千上万的雪花从高空落到了这堆满同伴的山顶上，它们把原来的同伴都覆盖在了下面。它们就这样潮湿地躺在了一起。这寂寞而寒冷的生活是多么单调呀，简直就像囚犯！不停叹气的小水滴怀念起了从前：飘游在地中海的上空，享受着温暖的阳光，欣赏着穿着艳丽的人群，听着动人的歌声，那是何等绚丽的生活呀！和此刻的生活简直是天壤之别。

可是，变化是不会停止的，任何事情都是一样的，结果不断到来！在挨了数个月的冰冻后，我们的小水滴终于再次迎来了陆地上的春天，高唱凯歌的西风就是春天的开路先锋。山顶也在西风的访问之列，厚厚的积雪被西风融化了，驯服了。雪堆开始慢慢地溜向山顶的斜坡。在这个地方是呆不了多久的，小水滴非常明白这一点，同时又非常担心，稍有不测，它和小伙伴们就会被抛下山谷。小伙伴们真是惊险极了，但是没有可以逃离的办法，它们不过是大雪堆中的囚犯而已，力量太渺小了。

建有精致的泰洛尔式屋子的小村庄就坐落在下面的山谷中，一帮非常和蔼的人们住在这个小村庄里。这帮人总是在春风光顾这个村落街道的时候，停下嘴里的烟斗，不住地向山坡凝望，并担心地说："这个山谷里的雪崩季节又要到了，要当心了！"

席摩尔兹勒·赛不尔拖在一个雪后的早晨，迎着极其沉寂和温暖的空气爬上了山顶，他要看一看自己牧场上的草屋。一个巨大的咆哮声，就在他一瘸一拐地即将爬上山顶的时候，爆发在了他的头上。他还等不及做出反应，他的上面就掉下了一块巨大白色的东西——雪崩来了！幸亏当时席摩尔兹勒·赛不尔拖是站在了一旁，如果他是正迎着雪崩，性命早就没有了。他被这巨大的雪团打到了，一连翻了七个跟头，旋转的四肢就像是迎风的风车，雪团随后包裹了他，一同冲下山谷去了。

柔软的雪团把他裹在中央一并滚到了村里，这速度比上山快了很多。一个干草堆挡住了雪团的去路，两者相撞，雪团破碎了。屋里的人们被惊吓得跑出来，他们刚好看到正从柔软的雪团中挣扎出来的席摩尔兹勒·赛不尔拖，嘴里不停嘀咕的他，正踮着脚在破碎的雪团里寻找自己的烟斗。

小村庄侥幸躲过了雪团的主体。暴风夹杂着雪片四处横飞，它弄折一棵大树就像是弄折一根火柴梗。二分之一左右的树林被它毁坏了，它把大谷仓包装成了雪茄烟，最后，一条有溪流经过的山坡挡住了它的去路。没有像前些年的那次雪崩，覆盖了整个的村庄，当时全部的村民、家畜、房屋，连同谷仓都被破坏了，躲过大劫后，和蔼的泰洛尔人们发自内心地高兴。

可是，为什么会滚动下如此大团的雪呢？答案其实非常简单！在堆满积雪的山顶上，休息着一只老鹰。一个小小的冰块在它飞走的时候被带动下来，不断地向山下滚来。它不断地捎带沿途松软的雪花，变为越来越大的雪球。当这个雪球滚到我们的小水滴所在的雪堆时，把它也带动了下来，这就形成了威力巨大的雪崩。

我们的小水滴自然是不知道发生了什么事情，可是它要摆脱这牢狱的枷锁还需等待时日。随着日照时间的增长，温度的升高，小水滴才会被这个逐渐融化的大雪球释放出来。它的头顶上又出现了蓝天白云，它和被冻结了的小伙伴们在太阳的温情抚摸下，渐渐开始融化了。我们的小朋友终于再次变回了小水滴的形状，流入了下面的小溪之中。

和冻雪里相比，当下这种无拘无束、色彩斑斓的生活才是真正使人快乐的！

一层层从石块中跳下来的小溪流，穿过了小村落和葱绿的草地，最后钻到迷人的谷底去了。

那里有美丽的风景，在一片身着嫩绿色新装的山毛榉树林中，有一个正在转动的石磨。头戴白帽的石磨主人，正在屋子的后面对一辆独轮车进行修理。一旁水闸边谈笑不停的是主人的徒弟和女儿，他们只顾自己的高兴，把上帝、世界、磨坊早就忘得一干二净了。长满了苔藓的硕大轮叶在小水滴和伙伴们的推动下不停地转动着，石磨也咿呀咿呀地被叶轮带着一起转动，屋子里石磨上的小麦粒渐渐被磨成了面粉状。穿过磨轮的小水滴，又急匆匆地奔向小溪里，可是它又被一股涡流卷到了一边。

又经过数里地的奔波，小水滴来到了一个溪流非常浅的地方。在流经一块碎石时，小水滴和伙伴们经过裂缝渗到地底下去了。在没有一点光明的地下，真是毫无乐趣可言呀！在历经了千百万个小隧道和千百万个小细孔之后，小水滴又钻入了深深的岩石里。可是，最终一口泉眼好心地把小水滴和伙伴们又带上了地面。这略微带些盐味的泉水，既清爽，又可口，根据医生的介绍，这泉水还有助于治疗由于过度饮食而引起的胃部胀痛。

这些从山间涌出的泉水，被附近一个城市用交错复杂的水管网输送到了千家万户的房间里。于是，刚刚见到天日的小水滴又再次冲进了漆黑的自来水管里去了，最后在一个被擦得光亮的黄铜自来水龙头的前面停了下来。挺直站立的水龙头就好像一个警卫，忠诚地看守着大门，任何人都别想进来。这是一所大学的建筑，和一般的学校没有什么区别。它里面也包含很多的房间，房间里又包含很多的凳子，一张张书桌被摆放在凳子的前面，最前面是一大块黑板，上面总是被老师写满了深奥的文字。我们称这样的老师为教授，他的学生们都是些小绅士了，有的甚至都长出了胡须，所以教鞭在他这里是没有用处的。一顶顶上了颜色的小帽子被戴在这些小绅士的头顶上，我们把这样的小绅士叫大学生，做大学生是件非常光荣的事情。

他们只顾自己的高兴,把上帝、世界、磨坊早就忘得一干二净了

一个非常著名的教授正在某间教室里讲一门专业的课程。书桌旁边的他是非常博学的，这位教授的头秃秃的，这正是数年来精心搞研究的结果！教授倒是对这一结果感到非常高兴，因为好多人认为他有学问，都是凭借他的秃头而猜测出的。

　　这位教授讲述的内容是："同学们，水是我们人类从出生开始，直到老死的那一刻为止从来都无法缺少的。可是并非所有的人都了解水的构成。英国的科学家卡文迪许在18世纪第一个把这个问题弄清楚了，在他之前，没有任何人知道。其实是两种细微的物质共同组成了水，科学的叫法是两种元素，它们就是氧和氢。我们肉眼是看不到它们的，这和供我们呼吸的空气是没有分别的。可是把它们结合在一起就构成了我们离不开的水。我要把水分离成为两种气体，再把这两种气体结合为水，这样一个实验当场做给你们看，目的就是要证明我刚刚说过的话。"

　　教授说完给一旁的助教打招呼，于是，助教手里拿来了一个形状奇怪的容器来到水龙头旁边，接了些自来水。这里面就包括有我们的小水滴朋友，它也要一起出来参加这次学术实验。它非常高兴，毕竟为科学服务是一件非常光荣的事情。可是，没多长时间，它就再次体会到了在锅炉中的那种撕心裂肺的痛，之后被分离成了两种气体。有两条电线被放进了容器里，之后又被通了电流。可以想象，这件事情是何等的痛苦了！容器里的水被电流分成了两部分，每条电线上都升起了无数的水泡，其中一根电线上是氧，另外一根上是氢。我们的小水滴为了科学牺牲了自己。我们可以想象，这就好比是犯人受到了国家的惩处，被实施了电刑一样。它几乎要哭出来了，可是，它不会的。原本就是一滴眼泪的它，假如哭了就是自杀。就好像是一个不断躲避牙科医生的小朋友一样，它四处躲避着这种痛苦，想尽了所有能够想到的办法。但是，最终它还是被分解成了两种气体，飞向了容器的顶端。一切都结束了，我们的小水滴被分解成了人们看不见的氢和氧。

　　一个人假如真的有学问，是不会把一件事情做到一半儿放手的。教授还要再次把两种气体结合成水。两种气体被他想方设法通入了一个别致的试管里，之后在一股强电流作用下，两种气体在试管里发出了电火花后，就又相互结合成了水。课堂里的大学生们都兴奋起来，他们被这个有趣的实验深深吸引了。最后，这个秃顶的教授在微微一欠身后，阔步走出了课堂。

玻璃管中死而复生的小水滴静静地躺着，在这之前，自己究竟是被什么构成的，它根本就不知道，此刻它终于明白了自己的构成。

可是，等试验完毕，大学生们都离开教室，还没来得及细想，小水滴就被匆匆跑进来的校工倒入了废水槽里。它们又经历许多水管，最后流到了郊外，经过一条流经草地的小水沟，结果有一部分被菜园、田野和谷仓之间的小池子接纳了。

小水滴自己想着：这里的气味好难闻呀！好多污秽的东西漂荡在它的四周。包括一个正游泳的空药瓶子，两个上下起伏漂荡的比较神奇的瓶塞，还有一只破旧的小孩鞋子，教科书的残旧书页，一截截的稻草和片片的枯树叶，在它身边漂流而过。水里还游荡着嘎嘎叫的鸭子，池边上奔跑着老鼠。可是，不计其数的微小东西还不停地在水塘里打着旋旋儿，仅一小滴水里就包含有不下几百个，这是最恶心的地方了。炎热的天气里，正在野餐的两个孩子跑来池塘边舀水喝。假如听从老师的吩咐，他们就不会喝池塘里包含许多细小污秽东西的水了。但是，他们太顽皮了，头脑既聪明又简单！

小水滴此刻的生活真的是太不舒服了。它这样想着：终于明白了一个道理：这个世界瞬息万变，不管你是否犯错误，也会走背运。和大学生混在一起做实验不过是刚刚发生的事情，可转眼间就又被这帮流氓污秽包围在了中间！唉！

终于，在一个晴空万里的早晨，小水滴结束了这里的生活。口中嚷嚷着："驾！驾！"骑着栗色马的酿酒人乔青穿过小村落来到了池塘边，他旁边拖了一只大木桶。在池塘边停稳以后，他就开始用一只小水桶一下一下地向大木桶中舀这池塘里的污水，不一会儿就装满了。随后，一声"驾"，酿酒人乔青又驾着栗色马奔向了葡萄园。这些污水被他倒入葡萄丛中，小水滴就渗到了葡萄根旁。

通过葡萄根的细毛孔，我们的小水滴朋友努力地向上爬，经过茎、丫枝，最后爬到了小巧精致的绿色葡萄里。这一个个的小葡萄被温暖的阳光照射着，它们里面的世界精彩极了，就好像是一座化学工厂。从泥土中爬上来的水和其他物质，它们都被这温暖的阳光融化成了一股股的微小细流汁液，汁液来回地游荡，我们的小水滴最终也被融化了。终于，葡萄汁形成了。

秋天总算到来了！葡萄叶子的颜色发生了变化。四处都飘扬着美丽的旗子，到处都是穿着亮丽的来采摘的男女青年，天空中荡漾着悠扬的乡村小乐曲。这是一个美丽的葡萄采摘节。在明朗高空中挂着的一串串成熟甜润的葡萄被采摘下来送入了压榨机，旁边接满了一缸缸的葡萄汁，经过长时间的发酵，葡萄汁又被倒入酒桶，最后又被装入酒瓶。

太阳的魔力把我们的小水滴转化为了葡萄酒。在一个四处挂满蜘蛛网，每天都和老鼠相伴的地窖中，一个外表堆满尘埃的酒瓶里就住着我们的小水滴，它在这里一住就是许多年。之后乌拉·波拉博士给一位莱茵河畔做葡萄酒生意的朋友写了一封信，并向他索要莱茵地区出产的一两打葡萄酒，这样，小水滴的沉寂的生活结束了。诺，小家伙们，你们看，这就是他寄过来的葡萄酒，就这一瓶里，住着我们的小水滴朋友！

故事完了，乌拉·波拉博士伸手把一瓶积满尘埃的葡萄酒从后面的桌子上拿了下来。

"哈哈！"他说着话，手里也不闲着，"扑"的一声拔出了木塞，为自己满满地倒了一杯。"我为了讲这个小水滴的古怪经历，都有些口干舌燥了，下面就让这个小水滴自己为我解解渴，同时提提神。瞧！我的这个杯子里就包含着它，当然，我是不会强迫你们一定要认同我所说的一切的！"

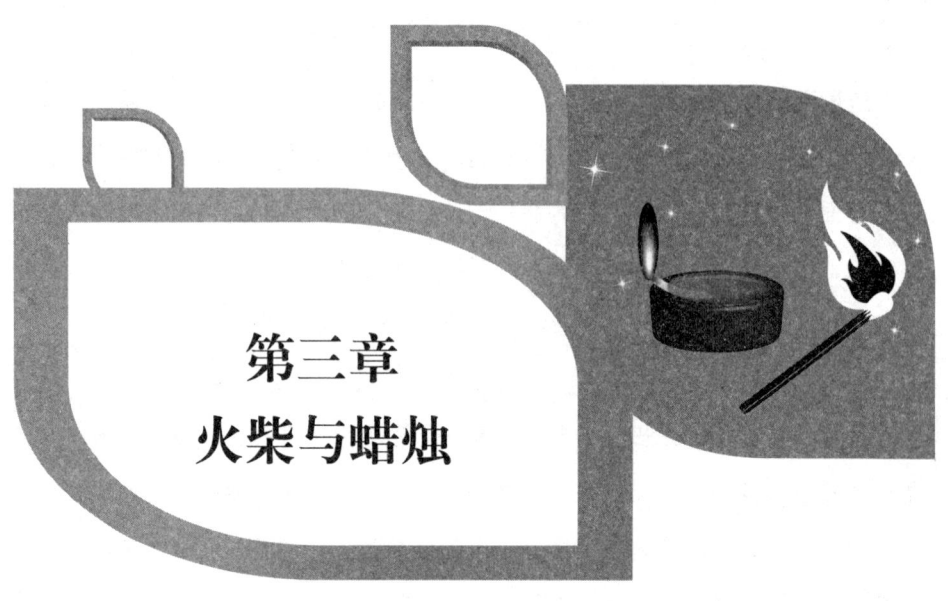

第三章
火柴与蜡烛

在哥斯拉镇上曾经发生过一次瘟疫。所有的人家,包括有钱的和没钱的,都被这场瘟疫席卷了,人们共同受到了瘟疫的威胁。街道上无论早晚都可以听到洪医生马车"哒哒"的响声。可是,在瘟疫面前,这位老医生的苦口药和幽默的话语都没有了任何作用。到处都是死神的身影,瘟疫的传播速度很快,它马上到了哥斯拉矿工区域。如何应对瘟疫,镇上没有一个人想得出办法。

我的同学夫赖兑尔也非常爱听乌拉·波拉的童话故事,可是突然有一天,他和他 80 岁的爷爷老矿工克劳斯,竟在不到一个钟头时间里全都死去了。

就在这对祖孙安葬的当晚,我们又来到了乌拉·波拉博士的住处,只是一个个显得神情呆滞,于是,乌拉·波拉博士把一个和长寿短命有关的故事讲给我们

听，故事的名字叫《火柴与蜡烛》。

小家伙们，你们知道吗？在自然界里，其实根本不存在什么长和短，长短不过是人类自己的想象罢了。用自然界的眼光看，能活过两百多年的大象和蜉蝣短暂的生命没有任何的区别。这是因为，一百年和一分钟，在宇宙看来几乎没有差别。

一支蜡烛和一盒火柴静静地躺在一个青年人的桌子上。蜡烛是女仆早上刚刚从在店里买回来的，白嫩细腻完全崭新的，特别漂亮。火柴都带有一个红色的头，我们引火就要靠火柴来完成。火柴的火气非常大，这和他的所有伙伴是一样的，他们都时刻准备着去和其他的东西摩擦一下。一旁的蜡烛对自己的生活品质感到非常骄傲，她高傲而庄严站立着。一只磁鞋子被她蹬在脚下，她头上扎了个小辫子，一条纸花裙飘摇在下面。而小火柴却独自一个躺在旁边的小木匣里，偌大的一个家族就剩下他一个了。

穿透百叶窗的阳光刚好散在了小火柴和蜡烛的身上。醒后的小火柴，静静地望着蜡烛，他看了好一会儿，然后说："自我介绍一下吧！你可以叫我小火柴，我来自瑞典。杉木是我母亲的乳名，她结了两次婚，第一次是和硫磺先生，第二次是和磷先生。我只有一只脚，所以站不起来，请原谅！我们家族里的人，寿命都比较短，他们都已经走了，就剩下了我一个！"

对于这个红头小家伙的故意搭讪，一旁的蜡烛静静地盘算着要不要回应他呢？过了一会儿，她用一贯傲慢的口吻说："你得尊称我为蜡烛，作为即将被你服侍的主人，我不能和你做平等关系的朋友，这一点你要注意了。牛脂公爵是我的父亲，我的母亲出身在一个棉花富商的家里。为教堂服务的就有我的亲戚，站在圣诞树的顶端和圣诞天使们一同居住的就是我的哥哥。我的哥哥和圣诞天使关系非常好，最后他们之间产生了恋情，和蜂蜡一样，天性柔软的圣诞天使由于相思，致使自己的身体都被融化了。"

"你讲得很有意思，但是有一点你必须搞清楚，我不是你的仆人！"小火柴倔强地说道。

"把你放在我的身边，就是为了服侍我，在晚上用到时，好让你来点燃我，所以我就是你的主人！我替代了太阳，成为了他在地球上的代表，好为所有一切照射光明，我的地位是多么的重要呀！小主人正是在我的光亮照射下，才可以在晚上写可爱的诗歌，他正和一位姑娘处在热恋之中！"

独脚的火柴毫不示弱："话虽如此，但是你的光亮必须在我的帮助下，才可以照射出来。不要太高看自己！只有一只脚的我，虽说个头较小，但我是个有用之人，我的头脑中装满了知识。"

"省省吧！朋友，我需要冷静，不可以动火，这样对我的身体会造成伤害，我还有很长的路要走呢！我自己拥有的脂肪躯体和你的独木脚相比较，不像你会马上化为灰烬，我是很有活力的，寿命长得很！"

就在这时，他们下面的桌子忽然大笑起来，这张桌子已经在这间屋里经历了上百年，下面都生了形状怪异的绞脚。上面的火柴和蜡烛被吓得一惊，正在桌子里钻洞的蛀虫也停止了动作。好像是什么东西惹到这张老桌子，他很生气，但是没有人能听懂他说话的意思。

火柴接着说："你的样子和吸人脂膏的有钱人太像了，有点自吹自擂，阔显摆的样子。但你也难逃一死，你虽然寿命比我长，可你一定没有我英勇。我会在自己生命的最后把自己的火药发射了，'嗤'的一声，结束所有一切，这就好比那英勇就义的士兵。尽职尽责毕竟是人生的一件大事，我完全发挥了自己的用处，死而无憾了！我们一起的伙伴有六十个，没有任何一个想逃避责任，他们都发出了自己的最后一丝光。只有两个因为身体折断而没有发挥出自己的力量，主人说了句，没有的东西，就生气地把它们扔进水里去了！"

蜡烛有些激动了："好了，不要再说了。但愿你今夜可以竭尽自己的能量为我点火，千万别走开，其实，你本来就是给我引火用的。涂满了油脂的大辫子长在我的头顶上，它非常美丽。和人类的头发不同，黑发是年轻人独有的，等上了年纪,头发就会发白。此刻我的头发是白色的,可是,随着发光年限的增长,它会逐渐地变黑。不过真的遗憾,我发出的光是不可能再被你看到了。我会以大滴的眼泪来表示对你的哀悼,这感动的泪水会落到我的衣服上。人生真的充满了苦难,这话说得太对了!"

小火柴觉得这个骄傲自满的蜡烛很讨人厌,他不再搭理蜡烛的说话。他独自一个在自己的小木床里玩耍起来。

渐渐深沉的夜色在太阳下山后慢慢笼罩了整个大地。白日里叫个不停的黄莺在屋外的树上睡着了。荷兰火炉后面隐藏的小鼠又开始吱吱地叫个不停。在塔尖上的古钟"咚咚"响了九下,屋子外走进来一位少年。

此刻,蜡烛的心里亢奋极了,幸亏是没有心脏,不然早就由于激动而心脏迸裂了,"这一刻,该是自己大显身手的时候了,太阳西下,月亮现在也早已到了美国。只有我的光亮才可以照亮着整个黑暗。"

年轻人把桌上的小木床拿到了手里,"嗯,最后一根了,你可不要失职才好呀!"他心里这样想着。

火柴端正了自己的身形,把腰身挺得笔直,他从容就义的样子和古代奋勇杀敌的英雄像极了。

"再见了!"道完别,火柴就把自己红色粉末状的头颅撞向了盒子边缘,只听到"吱"的一声,火柴发出了自己一生中仅有的一次火光,从而结束了自己的生命,身体瞬间化成了灰烬。这一切是不可能再被蜡烛看到了,因为这会儿,轮到蜡烛上岗,谨守职责了。她的白辫子被年轻人用火柴引燃了,她一生中最严肃的时刻来到了:我要以自己的全部能量来照亮一切,我不会输给太阳的!

年轻人正和一个姑娘谈恋爱,这深夜里的情诗就是写给那位姑娘的。年轻人在写诗的过程里还不住地叹气。蜡烛想让自己的光变得更加强烈,可是她的光此刻却有些闪烁不定,这都是因为她逐渐变长的大辫子。"小姐,不必激动。"一旁的大烛剪一边说着,一边起身张开大嘴把蜡烛的大辫子咬去下一段。蜡烛小姐因不堪侮辱，流下了几滴眼泪。可是，哈巴狗模样的烛剪根本不存在任何怜香惜玉的表情，他依旧张着大嘴杵在蜡烛小姐的身旁，等待着下一次的咬辫子。

蜡烛小姐满眼含泪地说："一点也不懂得爱惜女子，真是个冷酷的家伙！原来躺在我身边的老兵，他为了救我，不惜牺牲自己的生命猛扑向了火焰。可是你根本没有一点绅士风度。"

烛剪把嘴一撇，说："哼！这屋里的女人不可以留长辫子；火焰也不能太长，否则不仅我不喜欢，主人同样不喜欢；再有就是大姑娘吸烟是不对的，但是你刚刚吸烟把这屋子里弄得烟雾缭绕。以上都是这间屋子里的规矩，我只负责执行规矩，超出职权的一概不管！好了，小姐，不要生气，你要想活得长久，就要懂得保存自己的实力，不要哭了。"

"教堂里一只大蜡烛是我的亲戚，我的哥哥……"

"他正在和圣诞天使热恋着！小姐，可不可以换些新鲜的来说！瞧一眼你的花边裙子，上面沾满了你的眼泪，你的生命会因为你的痛哭不止而很快走向尽头的！"

蜡烛不甘心："我还有好长的路要走，我要从这美好的生活中吸取很多新的事物。"

"说来说去，总是这一句，真是浪费！我在这里专为修剪蜡烛的长辫子，禁止她们吸烟，从不多说一句话，几百年如一日。总认为自己还有很长的路要走的小姑娘们，对自己的温柔和艳丽炫耀个不停。她们的性格逐渐变得自大起来，崇尚虚荣，一心等待着来向自己求爱的白马王子。到头来断送了自己的一切青春，美丽的容颜不在了，只剩了丑陋的身体和脚下厚厚的泥，整天里只剩下了哭泣，最后白白的裙子上都沾满了泪痕。对于散乱的辫子，她们再也无心梳理，青烟不断，过不了多长时间，就和打喷嚏的老葛斯泰夫没有什么两样了。她们最后就像是小而无用的干瘪梅子，她们不再被任何人需要了，由此了解了自己的一生。女人是我最讨厌的。链子是我二十五年前的妻子。我把自己所有的一切都给了她。我们一同和一个白铜台绅士交往，并结下了深厚的友谊。不敢相信的是，她居然在一天离我而去，和那个绅士私奔了。因此，我恨极了满口爱情和留长辫子的女生！她们没有一句真话！说着话，烛剪有把蜡烛的一段长辫子咬了去。老哈巴狗的话彻底激怒了蜡烛，她把火焰一扑，恨恨地说："好吧，你这个冷血的家伙，看你对我的样子，就想象得出你是如何对待链子的，对于她和白铜台私奔，我非常同情。我的生命才刚刚开始，我会很珍惜自己快乐而美满的一生。我一定要想尽一切办法，为自己找一个心地善良，模样俊俏的老公。可是，我一定会拒绝第一个向我求婚的人。"

伴随着"嗡嗡嗡"的声音，窗子里飞进来一只笨拙的甲虫，他对于烛光非常爱慕，进来就直接飞到了蜡烛的脚边。一个非常大的刷子长在甲虫的腿上，这是专门用来梳理自己的胡须和燕尾服的，这充分体现了他对一个女郎基本的礼貌。他短小的脚，弹丸似的脑袋，愚蠢的身形，这一切都怪异极了。他围着蜡烛悠悠地蠕动身形，并且不断地鞠躬表示恭敬。

烛剪笑道："你的第一个求婚人来了，你应当高兴一些，不然人家可要飞走了。"

蜡烛不屑一顾："去！他又小又蠢。还会有其他的求婚人。我的生命才刚刚开始，我还年轻！"

甲虫此刻正慢慢地爬上蜡烛的身体，就在刚刚要接近她的脸颊时，蜡烛小姐忽然震怒了。小甲虫被吓得仰身掉到在桌子上，四脚朝天的小甲虫感到很无奈。就在他不知如何是好时，一旁的烛剪帮了他一把，小甲虫总算站了起来。

小甲虫懊恼极了："谢谢了，朋友，遇到这么一个不知天高地厚的家伙，真是不幸呀！我还是去找别的火焰好了，把她的小辫子再咬短些，看她还神气吗？"一边说着，一边又"嗡嗡嗡"地向窗外飞走了。

第二个求婚人来了！他的长相恐怖极了，瘦瘦的身体，细长的腿儿，头上一对红红的眼睛和花梗没什么两样，他就是长足蜘蛛。环绕着蜡烛，他两眼放光，感情热烈，口中还不停地喃喃自语。

蜡烛快要气疯了："干什么嘛！举止龌龊，行迹放荡，形象还这样的丑陋！白送给我，我都嫌弃得很。你还是另外追求别人吧！"

说着话，火光一闪，把长腿蜘蛛推进了墨水瓶里。瓶里的墨水染黑了蜘蛛的长脚，一条长长的黑墨水线被印在了吸墨水板上，这都是蜘蛛脚留下来的。诗人被气坏了，蜘蛛被他生气地抛向了窗外。

烛剪粗声地说："你是不是要守成老处女呀！前边一个嫌太胖，后面一个又嫌太瘦，我想你是期盼着有个白马王子来向你求婚吧？"

说着话，一只颜色亮丽的蝴蝶还真的飞了进来，一件蓝色的丝绸外套外加天鹅绒般的黑色领圈。蝴蝶环绕着蜡烛姑娘，自己柔软的触须略微向上仰起，低沉而有情致的诉语连连不断，可是他的话没有一个人听得清楚。他说的并非外语，但满屋子中竟没有人能听清他的说话内容。

可能是错把蜡烛当成了太阳吧，对着蜡烛姑娘，这只漂亮的蝴蝶深深施一礼。他完全被蜡烛姑娘的光亮和温暖吸引了，为之倾倒目眩，并且不停地用自己的翅膀去抚摸蜡烛姑娘。

傲慢的蜡烛姑娘挺直了身躯，她发自内心地高兴着。总算等到一个富有涵养的青年，蜡烛姑娘特别把光亮投向他。

一旁的烛剪忍不住提醒说："年轻人，听我老人一句劝，赶快离开这里，不然就要引祸伤身！之前，好多像你一样的青年来到这里，但是最后都没有躲过灾难，这是我亲眼所见。他们的晚礼服被火焰烧着，最后裸身回家的大有人在；形同半夜里的醉汉，和蜡烛依偎得太近，最后被烤得体无完肤的就更多了。"

可是，烛剪这些话并没能说动这个多情的小青年，他被蜡烛的迷人笑容迷惑了，他依旧在蜡烛的周围翩然起舞。

蜡烛骄傲地说："就好像烛光下写诗的青年和他心爱的姑娘一样，此刻的我也得到了别人的追求。多么令人陶醉的生命呀！"

忽然，蜡烛姑娘被"扑通"一声巨响吓着了，原本漂亮迷人的蝴蝶，如今却掉在了桌面上紧靠烛剪的地方。他的翅膀被烧焦了，他原本是想着和蜡烛接吻的。对一切美好未来的向往，到此刻完全结束了，蝴蝶现在只剩下了原地旋转身体的本领。

烛剪叽里咕噜地说："不听老人言吧！失败总是由骄傲打头阵。好心劝你你不听，现如今这苦楚都是自找的，真是头脑简单呀！"

蜡烛也非常地惋惜，"唉！……一定还会再有人来向我求婚的。"

"真是个没有心肝的女人，冒烟的毛病又犯了！"脾气火爆的烛剪说着话就跳了起来，于是，蜡烛姑娘又有一大段辫子被他蛮横地咬掉了。他是无所顾忌的，只因为他是铁制的。

老钟一次次地敲响，十点，十一点，再到十二点。屋里的黑影逐渐加长，蜡烛渐渐燃烧殆尽。寂静的黑暗慢慢吞并着一切，包括整个世界都是如此。打洞的蛀虫也开始休息了，沮丧的蝴蝶躲到书后面去了。老烛剪也早已睡得沉沉的。十二点整的钟声余音仍在缭绕，这毕竟是它最重要的一个时刻，过了这个点，它就得再次敲响，在那样深的夜晚是不会再有人听到了。

写诗的青年站起了身，悠悠地向自己的卧室走去，其间还不住地叹气。格斯塔夫，青年的男仆听见了主人轻微的脚步声。在进主人的书房进行整理之前，他先是把脱靴器和睡鞋放到了屋外。桌子上仍在燃烧的蜡烛，已经完全改变了模样！矮短的身躯丑陋得很，烛光也没有先前的明亮鲜艳，这会儿都有些忽闪忽闪、老态龙钟的样子了，原本的花边裙子也被烤焦了。她一边流泪，一边不停地嚷着："结束了！结束了！唉，生命怎能如此匆匆呀！"

老仆人要用烛剪把烛头剪去，可是真的很不幸，老仆人的手微微一抖。

"唉！"蜡烛随即熄灭了。黑暗，无尽的黑暗。小小的烛头掉到了火炉的角落。炉后的小鼠好不容易熬到男仆拖着沉重的步子踱出了书房，他马上窜了出来，乐呵呵地将着胡须，啃光了所剩蜡烛。最后留在那里的就只剩下了一段

小小的蜡烛头被男仆用烛剪挟取下来

小辫子。

在一片漆黑中醒来的老烛剪,用他的大嘴打着哈欠,说:"看来蜡烛小姐的生命早已结束了。唉!人生匆匆,世界真的是太小了!我终究有一天也会奔向人生的终点。我这把老年纪,又有关节炎、痛风症!"

老桌子是个非常吝啬的人,一句多余的话也不想讲。烛剪听到老桌子发出的破裂声后,不再说话了。

"好了,小家伙们,火柴和蜡烛的故事讲完了。高傲的蜡烛非常地自以为是,认为自己的生命比火柴要长很多,将会见证某些奇迹的发生。但是在烛剪和桌子,这对为主人服务了上百年的老寿星看来,蜡烛的生命和小火柴没有什么两样。因此,在这个世界上生存着的我们,应当以正直的心态努力奋斗,尽自己的职责,不要总是依靠烛剪的督促才好。"

老乌拉的故事讲完了,自己粉白的辫子被他响亮的喷嚏吓得向上一跳。在拿了烛火后,他拖着沉沉的脚步,径直穿过我们,向陡峭的楼梯走了过去。

第四章
生活在月球的一天

"小家伙们,"乌拉·波拉博士这样说,"我可以预见到,你们这帮顽皮且不求上进的小鬼们,长大后不会有什么好的结果。但是我既然和你们有了约定,说到做到,如何利用我的大望远镜去对月球进行观测,我这就教你们方法。"

"是吗!这真是太好了,乌拉·波拉!我们保证到树林和沼泽地里去为您的甲虫采集更多的草回来,前提是我们真的看到了月亮。"

"嗯,这是笔不错的交易!"老乌拉说着,把一个巨大的钥匙从一大串钥匙中找出来,带着我们走入了客厅,他的大望远镜就放在上面,那个用石板盖成的尖顶楼里,而走上阁楼的楼梯就在这里。

在这个阴暗狭小的楼梯上,一盏小油灯被乌拉·波拉点亮了。他用这个巨大的钥匙，对准钥匙口，"吱呀"一声把门打开了。这间充满神奇的小屋，总算呈现在我们面前了。好像一尊大炮似的巨无霸被架在屋子中间一根圆柱上，那个圆圆的筒子，简直可以装下我们当中最瘦的小朋友。用黄铜和钢铁制作的各种螺旋和把手布满了这个大炮的周围。一个盆形的巨大玻璃镶嵌在炮筒的上方，很不对称的一块小玻璃镶嵌在了下面，这应当就是观望口。一个"滴答滴答……"摆动均匀的大钟被扣在了一个玻璃做成的罩子里。瞧它那一下一下摆动有力的钟摆，真的是很有派头。千奇百怪的仪器被整齐有序地摆放在了墙角，墙壁上的一幅图画里画满了日月星辰，书架上的书籍多得数不清。听着我们没完没了好奇的问题，老乌拉·波拉显得有些不耐烦了："不必多问，站着不要动，你们还没有必要懂得这些。"

有几扇开关自如的巨大天窗被装在了尖阁楼的屋顶，我们就是要把这天窗完全打开，才可以用望远镜来对星星进行观测。外边路灯昏暗的灯光根本就照射不到这间小阁楼里，因此这里的光线很不好。就在天窗被乌拉·波拉打开的瞬间，这巨大的仪器连同我们的身体都被一缕皎洁的月光笼罩了。

这个巨型的大炮在老人的操作下和明亮的月球对个正着。在旋动了一系列的螺旋和杠杆之后，他通过小玻璃看了好一会。然后，我们所有的人逐一走向前来进行观望。我们眼中遥远幽静的月球竟被放大了数百倍，我们看到月球上的山脉和平原清晰极了。

啊，虽说月亮只是被我们看到了一部分，但仅这一部分就已经非常奇妙，非常广大了。乍一看来，像有一个水晶盘正在天空中发射着万丈光芒。随即我们看到还有很多的黑点在上面，乌拉·波拉介绍说："这些原本被认为是月球上面的海洋，其实它们都是些广袤的低洼地带。可是，真正有趣的是那些形状各异发的光山脉。"根据乌拉·波拉的介绍，我们明白了：和地球一样，月球上的光也是对太阳光的反射和折射，月球本身并不会发光，明亮的山顶正是受到了太阳光照射的结果。那些山谷中犹如午夜般的黑暗，其实是山脉投射其中的阴影所致。数千个圆形的火山口,以及成片的山脉甚至上面那些参差的岩片和裂缝,都被我们通过望远镜看得非常清楚,这一切好像是一个好好的大蛋糕被耗子啃了一口。

我们在这边看着,乌拉·波拉博士在另一边对我们看到的东西逐一进行介绍。可是我的问题犹如连珠炮,都把他轰炸得急眼了。老人把鼻子上的汗水用彩色手帕擦了擦,又扶了扶眼镜,用以往的粗暴口气说:"一帮小坏蛋,都不准再问了,安静安静!月亮是和地球一样的球体,这些你们已经都看到了,但是月亮上并没有居住着任何生物。我这就讲一个故事给你们听。故事说的是在月球上,一个孩子如何玩了一天,这会把你们所有的疑问都回答清楚。现在,你们都围坐在一圈,用心听吧!"

这个怪异的老人吸了两大口鼻烟壶里的鼻烟,之后打了两个喷嚏,小辫子又被"阿嚏阿嚏"地震得直往上甩。之后,故事开始了:

在一个月光皎洁的夜晚,有个名字叫做富兰克的小男孩,他躺在床上翻来覆去怎么也睡不着。山后的月亮独自飘零着,像是在梦游一样。月亮的光辉撒在被冰雪冻僵的地面上,犹如万点水晶。这个银色的圆盘,在小男孩看来就好像是长满黑痣却慈祥的笑脸一样。今天晚上家里来访客人的谈话再次萦绕在他的耳旁。这个客人是个天文学教授,他的一生都在致力于对太阳、月亮和星星进行研究和探索,他的学识渊博,才能卓越。他在吃晚饭的时候对各式天空都进行了详细讲解。小富兰克看到刚刚升起的月亮,它发出了柔和的月光,于是,他就向天文学教授提到了有关月亮的问题。通过这个戴金丝边眼镜教授的介绍,小富兰克明白了在同伴中盛传的说月亮上住着人等故事全是骗人的。教授还告诉他:"月亮这个星球离我们非常遥远,广袤的平原、成片的山谷,还有看不见底的火山口,这些月亮上都有,可是上面唯独没有生物,更不会有什么人类的足迹在那里,那是个非常寂静的世界。"

"我真想有一个愉快的月球之旅！"面对父亲，富兰克激动地说。在他看来，登上月球是迟早的事情，因为很多奇特的东西在这之前都被人们发明了出来。透过金丝边眼镜，我们可以看到老教授的脸上挂满了微笑，他笑着对小男孩说："想法很好，孩子，等那一天到来时，你的月球之旅一定要约上我！"

恰逢此时，母亲过来叫富兰克去上床睡觉。天色不早了，小孩子如果睡眠不好就会直接影响到身体健康。但是听完了老教授讲述了月亮在遥远天际运行的故事后，小富兰克心中非常兴奋。在无际的天空飞行，以及在月球上游览的情形，在他的脑海中总是挥之不去。在柔软的月光轻轻抚摸下，他渐渐闭上眼睛，困意渐浓，梦境忽然闯了进来。

小家伙惊奇地发现，自己卧室的门被打开了。随后他看到了老教授满含笑意的脸庞。他正在向小富兰克点头示意，不同的是老教授的头发花白，显得苍老了很多，他的样子看起来已经分别了好些年。"嗨！小家伙，我就是那个对天空情有独钟的人，你的老朋友，你不会把我忘记了吧？我们曾经有个约定，那就是你的月球之旅一定要有我的陪伴。打那以后，我就投入了对宇宙飞船的研究，工作不分昼夜，此刻终于成功了。既然是你我共同的约定，一同去月球旅行，我就不会失约。让我们共同出发，在外面，你的爸爸正等着我们呢！"

躺在床上的小富兰克"蹭"的一下蹿了起来，活像个小兔子，他赶快穿好衣服。母亲又把一条围巾和一件外套加到他的身上，和他一同向屋外跑去。

半边像飞艇，半边像飞机的奇特飞船正停靠在屋外的广场上，一个带有飞机机翼的巨大艇身，上面还有厚厚的玻璃包围着。很多看热闹的人正在围着飞船观看，他们的嘴巴惊诧得都合不上了。"有谁知道这是发生了什么事吗？据说是我们的总统正坐在这艘船里。北极是他的目的地。那里发生了扫雪工人罢工的事件，他得飞过去训斥一番呢。"说这话的是邻居菲利普，他站在人群里自认为高人一等，无所不知。可是警察罗伯特听着这话，不禁翘起了胡须，替他感到很害臊，他来回地喝令大家："都站远些，站远些！"

穿着厚厚棉衣的教授和富兰克的父亲穿过人群挤了进去。富兰克和母亲也被招呼走了过去，母亲只是来为他们送行的，在母亲看来，去月球旅行并没有太大的吸引力。在和他们分别握手道别后，母亲又紧紧抱住了富兰克，望着飞船的两只眼睛没有一丝神采，似乎还有眼泪包含在里面。虽然教授一直都笑呵呵地说："这是一次非常安全的旅行。"可是富兰克的心里还是无法放松下来。等他们都进了被玻璃罩住的船舱，教授开始对各种螺旋和杠杆进行操控。飞船在他的控制下发出巨大的轰鸣声，腾空而起，径直飞向了空中。

地面上的人们高甩着帽子和手帕，大声欢呼着："噢！噢！噢！"此时人们还可以看到那个在默默滴眼泪的人，那就是富兰克的母亲。

城市越来越小，玩具似的房屋，藓苔一般的花园……再往高处飞，就只剩下了一些五彩的斑点。呈现在他们面前的是变幻奇特的景色！他们已经无法分辨哪是山川，哪是平原，树林已经被一条暗绿色的围巾所代替，河流也变成了一条长长的锡箔。所有一切忽然都不见了！玻璃罩被一种密度极高的白色物体包围了，他们像是行驶在一个牛奶的海洋里。好像有一个喷水壶正对着窗玻璃浇水一样，上面流下了很多的水。胆小的富兰克赶快向父亲的身后跑去，这惹来了人们的一阵笑声。

教授告诉他："孩子，不必害怕。这其实就是一块距离地面八千米左右的云层，我们正在它里面穿行。瞧，就要到头了！"

马上，头顶上就出现了白白的太阳和青色的天空。下面大约一千米长的云层犹如白色的泡沫，在微风下不停地飘动着。我们亮晶晶的地球只有趁着云层飘忽不定的缝隙才能看得到。

富兰克慢慢平复了心中的恐惧感，问道："怎么所有的东西都如此的潮湿呀？"

教授告诉他:"这是非常简单的道理。想想看,无数的水蒸气凝结成的微小颗粒组合在一起构成云,它们和水壶里冒出的白色水气没有什么两样。这些微小的颗粒和温度较低的玻璃窗相遇,就会凝结成更大的小水滴,很多的小水滴聚合在一起就形成了窗前的瀑布。"

"和地面上的小伙伴们比起来,恐怕我是唯一一个有机会穿行云里的吧!太惊奇了!"

"孩子,你的想法是不对的!和你一样,他们时常可以在云里旅行,这是由于地面上有雾的缘故,雾的本质就是接近地面的云层。"

过了一段时间,又有些新的东西出现在他们的视野里!他们脚下圆圆的地球已经变成一个大圆盘,他们只能看到它上面亮亮的海洋和暗暗的陆地,其他就什么也看不到了。刚刚那一千米长的云层如今也变成了地面上的残雪。宇宙飞船向天空飞行的速度惊人。欧洲的地形和地图上绘制的没有什么两样。黑压压的一窄条就是意大利,它就像只靴子,伸向地中海里;北方那正在跳跃的狮子就是瑞典和挪威的斯堪的纳维亚半岛;再往北边银光光的一片肯定是北极的冰雪世界了。西方的大西洋在这会儿看上去成了一片面积广大的黑色物质。

忽然,发生了更奇怪的事情。他们的飞船自起飞以来一直都是朝着太阳垂直上升的。可是月球才是他们最终的目的地,时值满月,月球和太阳的位置刚好相反。他们要到达月球必须改变航向,绕着地球飞行,直到地球的另一面。在那里,地球上正是黑夜,月球就在高空悬挂着。形状奇特的飞船航行方向被教授调转一下。奇怪的想象被富兰克观察到了。原本是个大圆盘的地球,边上渐渐被缺蚀,最后就剩下了一个半月状,地球缺少了一半!就是富兰克的父亲也被这一景象惊呆了。深思中的教授被父子两人的惊诧声惊醒过来,他解释说道:"不错,看似奇特的现象,里面却蕴含着浅显的道理。想想看,地球不过是个黑暗的球体,它本身不会发光,刚才明亮的圆盘完全是对太阳光的反射和折射造成的。这就好比是在一间黑暗的房间里用蜡烛来照射一个皮球,皮球的半边是明亮的,而另一边是黑暗的。黑暗的部分就是地球上的黑夜,那是太阳照射不到的地方。之前我们的飞船一直都是在地球的白天面飞行,我们现在正飞向地球的另一面。现在正是黑白交替的地方。地球上的白天在左边,黑夜在右边。我们看不到的半球,正是太阳照射不到的地方。富兰克肯定听得懂的,对吗?道理非常浅显。"

没错,这些的确难不倒我们这个去月球旅行的小家伙。学校里的老师早就讲过这些知识了,现在不过是对讲课的内容进行了一下实习而已。怪事还没有结束,不知发生了什么,黑暗忽然包围了他们,连同他们的飞船在内。落在地球背后的太阳就像中了魔法一样忽然不见了。闪闪的星星仿佛就挂在头顶,滚圆的月亮就在不远处。他们的眼睛逐渐适应了这暗暗的月光。

一边的老教授忽然说:"瞧,我们现在已经飞到地球的黑暗面了,太阳就在地球的背面,所以阳光照射不过来。我们现在正在地球的阴影里。此刻我们所在的地方,正如月蚀时月球所在的位置。月蚀发生的时候,月球就正好处在地球的阴影里,就好像被蚀去了,实际上是被阴影遮挡了,并不像人们想象的有什么神奇古怪存在,其实道理就是这样的简单!"

富兰克的父亲感慨地说:"看来我们这次旅行一定能够学到很多东西,说不定我们还会成为天文学家呢,孩子!"

地球此刻已经非常模糊了。因为太阳光马上就要完全被遮挡了,在那里,是微弱的月光在照耀一切。远远逝去的地球如同一个灰色的圆盘,包围它的是更远处的点点繁星。

虽说船舱中预备了电炉,他们也都穿了厚厚的皮衣,可是依然感到特别寒冷,冻得发抖。老教授马上乐呵呵地回答了富兰克父亲的疑问。

他说道:"假如用温度计来测量空间里的温度,我们会发现是零下二百摄氏度左右。当然我们并不能准确地计算这个温度①。可是我上面所说的绝对是个特别接近的数值，这一点我可以肯定。对于这里面的原因我还不想过多地讲解，主要是担心，这超出了富兰克的接受能力，可是他一定不会怀疑我所说的话。想想看，地球上那些太阳光几个月都不会光顾的地方，比如说南北极，那里的一切都被冻住了，零下六十五摄氏度是极地考察人员在那里检测到的温度，可是那里毕竟是在地球上，存在着热传递。热量是附着在物质上的，地球上被阳光照射的物质会把热量储存起来，之后又会源源不断地传递给附近的物质。空间里是不存在什么温暖的，因为空间里根本就没有任何物质存在，太阳的热量根本没有附着体。所以……"一个震耳欲聋的声响忽然打断了他们的谈话，所有人都被惊呆了。随后一连串船壁被撞击的声音又传了过来，人们都非常担心飞船会被砸碎。富兰克吓得赶快逃离了窗子旁边。玻璃窗正承受着许多拳头般大小的石块袭击，其中还爆裂了几块，几点火花被迸发出来。

富兰克大喊："月亮上的人！月亮上的人！我们被发现了，正受到他们的攻击！"

父亲也被吓得退后了几步，老教授在那边毫无对策地来回踱着步子，脸色微微泛白。

这次撞击足足有几分钟。危险算是躲过了，可是老教授的心一直高高地悬着，他没有任何的心情去回答同事们接连不断的问题。他对飞船上的所有部件都细心地检查了一遍，亲自确认完好以后，这才深深吸了一口气。

轻抚自己的白发，教授开口说道："天晓得，糟糕极了！真是百密一疏呀，我竟对此毫无准备。"

富兰克的父亲追问道："这些东西到底是怎么一回事？"

"都是些天空中游行的陨石，几百万的数目恐怕都挡不住。我们时常看到

---

① -273.15摄氏度是理论上的绝对零度，但是这是不可能存在于实际中的。绝对零度的3K，也就是-270.15摄氏度大约是宇宙空间的最低温度。

的那高速穿过天际的流星，其实就是非常小的陨石。我们根本看不到巨大的陨石，它们在空中穿行，身体和大气摩擦发出好多的火花，犹如火箭一般，等掉落到地面，就会成为小石子或者铁块。所有的博物馆都会有这样的陨石收藏。可是当时如果我们的玻璃真被砸碎了，我们都会被活活闷死的。"

"闷死，怎么可能？"

"当然有可能了，因为太空中根本不存在空气，我们现在呼吸用的氧气都是我们在地球上带来的，这些氧气就存放在地板上的巨大钢筒中。我们能够正常的呼吸，就是因为有氧气不断地从钢筒中慢慢放出来。假如陨石把我们的飞船玻璃打破了，我们就等于身处在真空般的太空里了，不被闷死才怪呢！"

富兰克和父亲这才醒悟这根本就是一次颇具危险性的旅行，虽说此刻危险已经过去，可是回想刚才，不免有些胆战心惊的样子。

不知不觉中，他们就要到达月球了。圆盘似的月球，上面的所有一切都逐渐清晰起来。散发着柔和淡雅亮光的月球就在他们的头顶上。飞船正在以极高的速度冲向月球的表面。

富兰克的父亲问："地球和月球间的距离到底有多远？我们的飞船要飞多久？"

教授回答说："亲爱的朋友，它们之间的距离不算太远，只是相当于纽约和柏林距离的60倍，大概是38.6万千米。和很多经验丰富的海员走过的路程相比，这距离已经很近了。在地球上发射的炮弹，假如它可以一直保持速度不减慢，到达月球大约要十天时间。假如在地球和月球之间修一条铁路，驾驶一辆特快列车日夜兼程，到达月球需要半年的时间。但是我们的飞船就不一样了，它的飞行速度远远超过炮弹，我们达到月球的时间很快。瞧，我们就要到达目的地了，我们所有人都要做好登陆准备了。把氧气罩戴好是最重要的事情，月球上是没有氧气存在的。我们要明白，这也是人类不能在月球上生存的根本原因。我必须马上采取制动措施了，好让速度降下来，不然和月球发生碰撞，我

们所有的人都会被撞得粉身碎骨！"

这样，三个人抓紧准备起来，随即大家都以一副头戴铜盔的潜水员打扮站了起来。头在头盔的包裹下和外界完全隔绝，为了不至于发生漏气，颈部又用橡皮带缠紧了。一根专为输送氧气的管子连接着头盔和背后储氧的钢筒。头盔的眼睛处开着一个玻璃窗，通过此处可以看到外面的世界。可是小富兰克的心里仍有个疑问，那就是外面的声音怎么传进来，人们之间如何相互通话的问题。

从月球的表面射来的耀眼的亮光把他们全部笼罩了。教授正在富兰克父亲的帮助下忙碌地对许多螺旋和杠杆进行操作，很多的轮子和把手都被他们一一旋转。这位老先生的白发和衣角不停地在背后动荡，足见他付出了很大的力气。总算准备好了一切。

教授又发话了："振奋人心的时刻就要到来了，我们将成为首次登上月球的人类，这一切都要归功于我的发明。可是所有人要注意了，虽说制动器的效果非常好，但是撞击仍是在所难免的，我们仍然要做好防范措施。那边有用橡皮、羽毛和弹簧等材料做成的吊椅，我们赶快坐进去，这样可以避免发生正面的撞击，减轻震动。"

每个人的心里都七上八下的，一想到那血肉模糊的悲惨遭遇，富兰克就两脚打颤。但是他根本就没有多想的时间，待他在橡皮吊椅中刚刚坐定，飞船就在月球着陆了。

教授不住地高喊："坐稳了！坐稳了！""轰"的一声巨响过后，所有能碎的东西都被震碎了。嗡嗡的声响灌满了富兰克的耳朵，全身的骨头都快要散架了。但是不一会儿，就恢复了平静，好像时间到了半夜一样。

故事在这样精彩的地方忽然停止了，乌拉·波拉博士随后吸了一股鼻烟。小伙伴们嘴巴张得大大的，太兴奋了，一个个坐着不动身犹如耗子一般。对于这些月球旅行者的命运，他们心里都默默揣测着。

乌拉·波拉博士不禁笑道："好了，小家伙们，赶快让嘴巴歇一歇吧！不然蝙蝠可要飞进去了！我这个老头子也得歇一歇，可不像你们这帮平日里争吵惯了的淘气鬼，我说话没有你们利落了！"再次地吸了两股鼻烟，晃动着脑袋打了几个喷嚏，才又接着讲他的故事。

飞船受到了破坏，飞船的所有人都直挺挺地躺卧着，被人看见了一定会认为他们都已经死了。可他们不过是暂时昏迷了。第一个苏醒过来的是富兰克的父亲，因为他的身体最强壮。他浑身的骨骼完好，真令人庆幸，他检查了自己的儿子和教授，也都无恙。等他们醒过来后，富兰克的父亲把他们一一扶了起来。所有人都没有受到什么大的伤害，只是些碰破和擦伤，教授准备了医药箱，他们很快处理好了伤口。总的来说，仅仅掉了几滴眼泪的富兰克还算是个比较勇敢的孩子。

处理完了伤口，富兰克就着急地问道："我们真的到了月球了吗？怎么这里和地球上一样，都是些沙土和石子呀？唉，太奇怪了，出着太阳居然还有漫天的星星，好像是黑夜；假如说是白天，天空中却满是黑暗。"

富兰克提出了一大堆的问题，可是并没有得到别人的答案。他的话别人好像根本就没有听见，不仅如此，自己的话竟连自己都听不清。

他不禁自问："这是怎么回事呀？我们的声音应当是被我们头上的铜盔隔断了。"恰在此时，富兰克的肩膀被教授碰了一下，同时他看到教授还在和自己的父亲打招呼。之后，一只手枪被教授从衣袋里拿了出来，教授接着连发三枪。富兰克和父亲同时看到了烟雾，却听不到任何的声音。他们又看到教授在一旁偷偷地笑，教授接着把一个笔记本从口袋里掏了出来。

他写道："声音在月球上是不能传播的，因为月球上没有空气。在地球上的一个玻璃罩中放入一个电铃，之后把玻璃罩抽成真空，电铃的响声就再也无

法传出来了。我们现在是在月球上,就是有一尊大炮在我们身边发射,我们都听不到任何的声响。我们现在假如需要交流,就只能在这本子上写字。"

富兰克和父亲赶紧点头表示明白了。于是,父子两人用手指点着怪异的天空。虽说和地球上一样,上面高挂着火球般的太阳,可是天空中居然是黑色的,就像黑夜一样,并且还有很多的星星都清晰可见。

教授会意地点一下头,坐到地上拿了一块石头写道:"怪异现象的原因是月球上没有空气。地球是被厚厚的大气层包围的,大气层在受到太阳的照射时就会变得十分明亮,这样,外面微弱的星光就被掩盖了。而在月球上,这样的大气层是不存在的,白天的星光不受任何的遮掩,自然可以被我们看到。"

富兰克心里想着:"真是个奇怪的世界,吵闹声、歌声、各种音乐声在这里都听不到了,就是有列队的士兵经过这里或者火车开过来,那也会悄无声息。学校里的功课,以及同学间的相互斗嘴……这一切都要通过笔和纸来实现了。"

教授站立起来,向他们打手势一起出发。有座高高的山峰矗立在他们的前面,再向前就是一大片广阔的平原。他们跟着教授登上了山峰,登高远眺。可是周围一片光秃秃的,什么也没有。从远到近看不见任何的绿色,草木皆无,鸟和虫就更不必说了。放眼望去,都是些碎石片,辽阔的罅裂,暗色的岩洞,大片的平原也都被沙土覆盖着,显得十分单调。没有一丝生气在里面,暗淡的天空,暗淡的一切,有些令人感到恐怖!这里的一切和地球上的蓝天白云、嫩绿的草地、葱绿的森林、弯弯的河流、蔚蓝的海洋、各种不同的动物……与之比较,地球上真的是充满了生机,令人陶醉,人们会被动人的音乐和美丽的风景陶醉。

时间不长,他们就来到了山顶,山脉的真实形状才刚刚显现在他们面前。同时呈现的还有一个非常广阔的平原。据教授介绍,月面上的一切,我们可以在地球上通过大型望远镜看得很清楚。对月球进行观察的人们,把许多月球地表照片拼凑在一起组成月面的地形图和所有的地名都被标注在地图上一样,人们把所有山脉和平原的名字也标注在了月球平面图上。

教授用手指着这大片的平原说:"这里就是天文学家所说的雨海。但是这里并没有什么水源存在。这个大平原的边缘,远处闪着串串银光的山脉被天文学家称做是亚平宁山脉。地处平原中央是一个形状怪异的火山口,类似于这样的火山口,在月球上存在的数量大概比千万个还要多。火山口的四周是被岩石围成的大圆圈,中间是个锥形的小山。"

富兰克拿出了笔和本写道:"怎么月球上的火山口和我们被蚀空了的牙齿一个样呀?"教授笑了笑,接着写道:"想得很对,孩子,但是牙齿可没有50千米宽呀!"

他们慢慢走向月球的另一端。那里四周一片漆黑,因为阳光照射不到另一边。他们就要走到白天和黑夜的临界处,再向前就要背对着太阳了。在月面上走动的富兰克,感到非常轻快,毫不费力,心里不禁好奇。受好奇心的驱使,他捡起一块石块抛向了空中。他惊呆了!石块一直飞向了高空,直到高得不见了踪影,最后落到了很远很远的地方。富兰克抛石块和发呆的样子被教授看在眼里,教授接着为他做了个精彩的表演。教授紧走几步到了一个小山丘上,之后,他双脚用力一跳,居然腾空而起,在跃过一个房屋般高的小山丘后,轻飘飘地降落在了对面的山脚下。一旁的父子俩被教授腾空时做出的抖动衣角、手脚摇摆等滑稽动作逗得哈哈大笑。对于这样前所未闻的表演,他们当然是充满了好奇心,如此好玩的跳高游戏他们自然不会放过了。他们都分别学习示范,和教授相比,富兰克的父亲跳得更远。抛石块的游戏他也没有放过,他玩了一把,当然要比富兰克抛得远很多,其中一块更是不见了踪迹。玩完之后,他们共同跑到教授的身边。父子俩都弄不明白,为什么这些原本是地球上的大力士都办不到的事情,此刻以他们的力气竟然能办得很好。就好比这块巨大石头,在地球上,富兰克的强健的父亲都无法搬动,可是在这里,它竟可以被富兰克轻而易举地高高举起。如此奇怪的现象经过教授的说明,居然十分的简单。

教授坐下来写道:"地球的大小大约相当于49个月球的大小。所以,物体

在小山丘上轻轻一跃,就腾空而起

在月球上受到的引力比地球上要小得多，由此月球上的物体要轻许多。我们要举起它们所用的力气很小，也就是说，非常重的石块在这里都可以被我们抛出很远的距离。根据测算，月球的上的物体重量仅有地球上的 1/6。这样，我们的身体就比地球上减轻了 5/6，用同样的力气进行跳跃，就可以超出地球上的 5 倍！这些都是简单的道理，可见宇宙并没有我们想象中的那么神秘。这些现象不过是些极其平常的事情，了解越多，奇怪的现象也就越少！"

富兰克心里想着："太奇怪了！如果地球上的一千克糖果来这里，再用弹簧秤称一下，即便是一块没吃，重量也会减少 5/6 呀！"

他们继续向月球的黑暗面前进。因为体重减轻的缘故，他们走得很快，可是一点疲劳感也没有。慢慢到达了月球被太阳照射的水平线，一会儿，他们就跑入了黑暗世界。在月球的白日和黑夜之间，晚霞是根本不存在的，当然也没有暮色苍茫，因为月球上没有空气存在。地球上的暮色就是高空大气对太阳光反射的结果。月球一背向阳光，就会格外黑暗。此时，和下面的黑暗相比，几个仍在阳光照射下的山顶显得明亮极了，似乎是水晶聚合在那里。等到这仅有的阳光再被高山遮挡以后，他们就真正进入了黑暗，伸手都看不见自己的五根手指。一根火柴在被富兰克的父亲擦了一下后，只是微一闪就熄灭了。瞧，他都忘记了燃烧是需要空气的。幸好教授早有准备。一个非常大的手电筒被他拿出来，打开之后，前进的路线非常清晰。又走了一会儿，一团亮光忽然出现在月球的地平线上。开始像个圆形的屋顶，继续前行，半圆逐渐增大，和地球上看到的月亮没有什么两样。这团在地平线上慢慢升起的亮光越来越圆。最终它和无数的繁星一起高挂在了天空中。它的亮度很高，这光亮都把四周的一切照射得很清楚。因此，大手电筒又被教授关闭了。

这个天空的月亮令他们都感到非常奇怪，论个头大小，它要比地球上的月亮大 13 倍。父子两人还看到，有很多的亮度不同的斑点存在于这个月亮的表面，好熟悉的形状呀！似曾相识的样子。教授赶紧拿出纸笔写道："这个大圆盘就是地球！"

终于，父子俩在教授的指点下明白了自己所看到的一切。地球仪是富兰克在学校里经常看到的，此刻，在这个真正的地球仪面前，他当然很清楚所有陆地和海洋的轮廓。南美洲就是那个巨大的三角形，太平洋和大西洋就在南美洲的旁边，被冰雪覆盖的南极就是那片白色的光芒。在这几个旅游到月球的人来讲，原本的地球变成了月亮，原本的月亮变成了地球。教授又接着写道："这是很自然的事情，站在地球上看月亮，它就是悬挂天空中的一颗星，同样，站在月球看地球，它也必然像是天空中的一颗星，只是地球的形状要大很多。"

就像是地球上的人们在月光下漫步一样，三个人正借助于地球的光亮漫步在月球上。只是和光秃秃的月球相比，地球上的景色要比这里美丽很多倍，地球上有树有花，有原野有海洋，有小河有鸟儿，还有熙熙攘攘的人群。睹物思人，富兰克和父亲的思乡之情悠然而生。他们的房子以及花园，还有终日里因思念而流泪的母亲，他们真的想立刻回家去看望这一切，远在地球的母亲肯定是无时无刻不在期盼着飞船归来的时刻。父亲的手被富兰克拉着指向了地球，他马上明白了儿子的意思。他走到教授身边，拍着教授的肩膀，指着飞船的方向，提醒教授是该回去的时候了。

哪知教授不住地摇头，然后写道："飞船撞坏了，我们回不去了！"

富兰克的父亲马上写道："它一定可以修好！"

可是天文学家回答："这里如此的有趣，我们不可以离开这里。这里很多的现象还等待着我去研究，我要出版一本和月球有关的书籍。"

富兰克的父亲非常不满，对这个固执的教授进行强烈的抨击，说他在没有想好退路的情况下就把他们骗到了这里来，这是欺骗行为。老天文学家依然固执地回答："我们不可以离开这里！"

这位学识渊博的教授忽然变成了一个不讲道理的野蛮之人。眼镜背后，教授的眼睛里透着狡猾，他高举双手粗暴地对他们进行威胁。这样的情景把富兰克吓坏了。

富兰克的父亲和教授突然打在一起,两人相互卡住对方的脖子滚成一团,你推我搡越扯越远,渐渐滚到了一条裂缝的边缘。深不见底的裂缝下面非常黑暗。担心父亲掉下去,富兰克吓哭了,他赶紧把父亲的外衣拉住,但是一切都晚了。三个人一同掉入其中,坠呀坠呀,这深渊居然没有了底……

忽然,有只手拉住了富兰克。太阳出来了……床边的母亲笑着说道:"快醒醒,小懒虫,看都什么时间了?太阳都照到屁股了。做梦了是吗?梦中的叫喊声那么大,我都听到了,昨晚就想着听故事了,睡得太晚了吧!"

第五章
世界末日

乌拉·波拉一边擦着自己的玳瑁眼镜,一边说:

瞧,这就是放大镜,人们又叫它显微镜。你们马上跑到我的身边来,让我们一同来观察这面镜子。看清楚,这边是克立斯蒂娜在花园里的池塘舀来的一小杯污水。我们只要对其中的一滴进行观察,这个放大镜可以把这滴水放大几百倍。嗯,好了,它被我放到下面去了,你们现在可以通过放大镜对它进行观察了。

这滴水里面的世界是多么怪异呀!这么小的东西在你们面前蠕动,你们有谁见过吗?它们向你们的眼前蜂拥而来,沉、浮、追、逃,动作各异,就像是大都会里拥挤的人群。瞧那些通体透明如玻璃的小船儿,速度犹如离弦的箭,滑动它们的却是些嫩稚的毫毛。它们捕获猎物,它们彼此追逐,它们愚笨至极,可是在自己的小圈子里，自认为聪明绝顶。

小船过去了，后面又来了种车轮状的微生物。犹如一圈细小的手指被顶在它们的脑袋上，那些小手指还在不停地摇摆。这个车轮的形状和小手表里的齿轮非常相似，齿轮转动就会带动四周的水一起转动，这样就会形成一个小漩涡。小漩涡会把周围不同种类的微生物吸引过来，最后会全部进入齿轮中间的大嘴里。真是一个绝佳的陷阱，小齿轮们转动得非常努力，否则，它们的肚子一定会被撑爆的。

瞧，还有一个小岛，它就耸立在水世界的中央。这其实是一个腐烂的叶子中的细微碎屑。它虽不能被我们的眼睛直接看到，但在这个世界里，被当作是巨大的水岛，还是绰绰有余的。这里的一切都很渺小，小小的一个针眼就可以容纳数百个这里的居民，并且不会显得拥挤。这个小岛上的食品足够数千个这些怪异生物享用的，它们从不同的方向蜂拥而来。我们可以通过显微镜清楚地看到这一切。瞧，乌七八糟跳舞的那几个，好像是处在舞会中，看着它们在这小岛上乱哄哄地争抢食物，和人类所在的大菜馆没有什么两样。

瞧，另一边正在上演着警察捉小偷的游戏，你追我赶地由北向南穿越了整个水球。它们都跑出了显微镜的边界，可能这会儿都沉没入水点的海洋中了。

真令人难以想象，这个小水滴还没有半粒豌豆大，里面的生活竟是如此的精彩，和我们的地球一样，它的上面住满了居民。假如没有这个显微镜，它们的生活恐怕是要永远隐藏在我们的眼皮底下。孩子们，好好地想一想，和其他数以百万计的星球相比，我们和我们所生活的地球其实就像这个小水滴，站在遥远星球的人们，同样是拿着一个显微镜正细心地对我们进行观察。

住在小水滴中的居民们一定不知道自己的命运其实被我们操控着，我们就是它们的统治者。我们只需把玻璃上的水滴轻轻一抹，这里面所有居民的生命都将不复存在。假使那里的居民可以看到我们，并且了解我们可以操控它们的命运，那我们一定会被它们尊奉为上帝。

用心观察这个小世界，它已经和开始有了不同！正在不断地变小，小水滴正在室内温度下慢慢地蒸发掉。这是上天赐予的灾难。那里的居民生活空间更加狭小了，由此引发了许多相互杀戮的惨剧。如果我们的地球忽然间减小 1/2，这样相互蚕食的悲剧同样是在所难免。小岛的四周聚集了很多可怜无知的居民。它们之间相互争吵、排挤，斗争接连不断。水的中心位置成了居民争夺的焦点，留在陆地就等于死亡。没错，这是上天赐予的灾难，可是也引发这水世界里的人祸、征战和革命运动。

水滴继续在温热条件下蒸发，对于其中的悲惨境况，大自然视而不见。此刻的水滴仅剩下了微小的一点。慌乱中的居民纷纷扭结成一团。有几个团已经不见了动静，它们成了小水滴干涸边界的微尘。灾难还在继续，死亡的居民还在增加，活着并不断挣扎的只剩下了一小部分。可是谁也无法阻挡这一切，这个小世界最终都会被死神收复，死神不会放过任何一个，包括似离弦之箭的小船、小手轮状的微生物，这里所有人能够做到的，就是苟延残喘在那个最后的小水潭里。最后终归是一同走向灭亡，结束这里所有的一切。水世界的末日就是这样的。我们显微镜下的水世界已经完全干涸了，最后只剩下了埋葬所有微生物的点点灰色的尘埃。高速飞行的箭一般的小船不见了，狡猾捕猎的旋转齿轮也不见了。

一场真实场景的世界末日就这样呈现在了我们面前！

当然，这个微小的水滴世界的灭亡，不会惊动我们任何一个人，虽然这在其中所有居民看来是它们的全部。同样的道理，在其他星球的人看来，我们地球假如明天灭亡，这与它们也是毫不相干的事情。和比自己的形体大数百万倍的太阳相比，地球也不过是个微小的小世界而已。和太阳大小相近或者比太阳更大的行星，它们在宇宙中的数量根本没法计算，数量之多和花园里水塘中的水滴真有一比，仅我们在晚上可以看到的就不下数百万颗。"这些星球的诞生自然之神只需微颤手指即可,好像这样。"乌拉·波拉高兴地在满是微生物的水里轻沾了一下自己的手指,一个新的水世界就被再次造就出来,"但是我们必须终止这个游戏了,在一天的时间里,我们只能毁灭一个世界!"

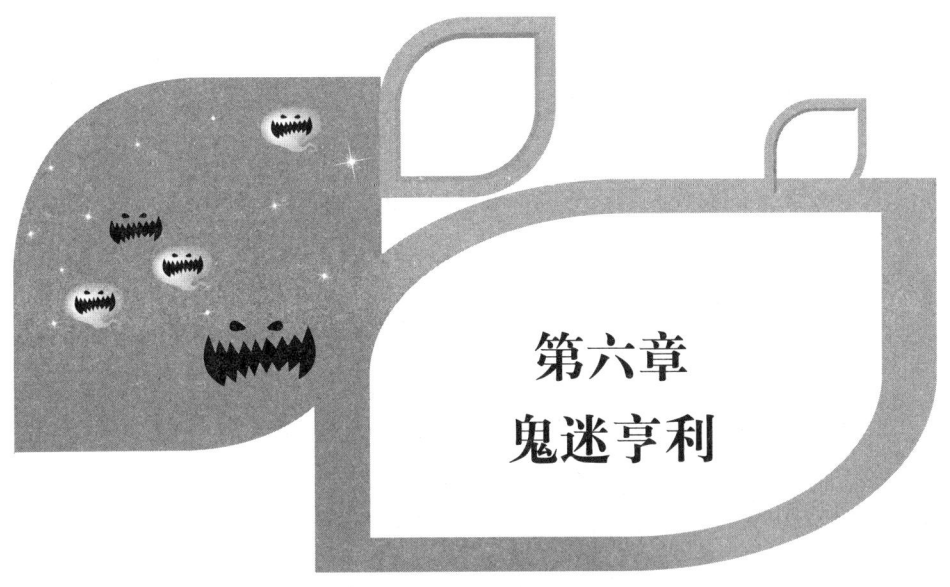

第六章
鬼迷亨利

有这样一个黑暗僻静的小胡同，它是我们去乌拉波拉博士住处的必经之路。一个古代僧侣的坟场处在这个小胡同里，身躯高大并且弯曲的古树长满了整个坟场，这些树木会在起风的时候发出凄凉的哀鸣声。如果是晚上经过这里，那种阴森的感觉总是挥之不去，我们中年龄较大的几个虽说对鬼神不太在意，可是心中还是有些发毛。我们总是集中在一起一同小跑穿过坟场，毕竟在天黑的时候在这样的地方穿过，总是有种说不出的怪异感觉激荡在心里。

记得一次，有个单独被落在后面的女孩子吓得哇哇地哭，这个小女孩的名字叫小攸尔苏拉，她是被一个在坟墙上飘动的一小片白色吓倒了。其实，那只是坟丁①的被单而已，它在晾衣绳上被吹落下来造成了这样的现象。可小苏拉还是被吓坏了，一直以为是被鬼追赶。她大嚷着追上我们，哭哭啼啼，直等看到乌拉·波拉博士和老克立斯蒂娜①还没有停止。

克立斯蒂娜为我们拿来了茶水和糖果，想以此对我们颤动的内心进行安慰。在一旁，穿着毡呢拖鞋的乌拉·波拉却叽里咕噜地嘟囔着。对待那些用愚昧无知的思想来教育孩子的大人们，他责备不已："他们真的不应该讲些鬼故事给孩子们听，这会令孩子们见到黑暗的房间就害怕！"

于是，他走过来对孩子们讲了下面的故事：

孩子们，人死之后只会静静地躺在那里，就连脚趾都不会动上一动，更不会跑出坟墓来追赶小孩了。鬼是这个世界上根本不存在的东西，但它却令好多相信有鬼的胆小如鼠的家伙们害怕。我现在就要给你们讲一个人的故事，这个人就特别相信这个世界上有鬼存在。他就是洪医生的仆人兼车夫，他也居住在这个小镇上。人们后来给他取了个诨名叫"鬼迷亨利"。他每次和洪医生驾车去乡下看病，或者送药，一遇到黑暗时刻，他总会发现鬼。

在洪医生看来，这个愚蠢的家伙太令人讨厌了！无论你怎样解释，在他看来，那些他发现的鬼（其实是些与人无害的东西）确确实实存在于地球上。不仅如此，他还总是有新的发现。对于他的发现，我现在要讲给你们听一听，使你们今后遇到这样的谎话就不再受骗了。

在一个冬天的黄昏，洪医生让亨利把一瓶药水送到森林里的斯坦堡旅馆，那里的老板生病了。亨利出发时，天色还没有完全黑暗，明朗的亮光被地面上的积雪反射上来，可没多长时间，天就完全黑了下来。亨利手拎着大风灯，慢慢地向山上走去。一路上相安无事，没有什么东西可以引起他害怕。当他穿过树林后，发现有层浓雾正游荡在树林的边上。

---

① 就是看坟的人。

亨利感到寒冷异常，于是，他就把风灯放到了雪地上，然后找出自己的手套戴好。等他收拾好一切，再次抬头，赫然发现有个身形巨大的人就站在距离自己不远的地方，亨利满脑袋的头发都吓得直立起来。这个巨人的身形轮廓模糊不清，漆黑的一团，很像是用黑纸板剪出来的一样。透过浓雾根本无法看清这个如同房屋般高的东西究竟是什么，但可以肯定这是活生生的人，他就站在那里，真真切切地站在那里！

鬼迷亨利的脚都吓软了，走路都成了问题！他更怕自己稍有不慎会被巨人误解为——自己是在威胁他。亨利默念着："老天呀！这个鬼是个什么呀！洪医生如果在这里，一定让他好好看看这些在夜间的山林穿行的猛鬼，免得听我诉说的时候，又会嘲笑我说：乔青·柏塞尔，真不知你什么时候可以变得聪明一些呀！"

那个黑色的巨型怪物在亨利的怯怯观望下，一动不动，他好像也正在对亨利进行注视。谨慎小心的亨利动动自己的肩膀，巨怪的肩膀也跟着动了动。亨利的心就被吓得跳了出去，他索性拿起药瓶，飞快地转身，拔腿就向山下跑去。就这样，风灯被他打翻了，灯里面的火也灭了。

等跑到树林的另一个边，他环望一圈，发现已经没有了巨人的影子，因此确定这个可怕的怪物没有追过来。

亨利诅咒："真的太可恶了！风灯被我落在那里了，假如摸黑走出树林可是不大容易，必须折回去把风灯找回来。"于是，他定了定神，紧握自己的拳头，慢慢地向回走。顺着自己留在雪地上的足迹，他又走到了风灯丢失的地方，风灯还在，看来巨怪根本就不在乎风灯，不知这会儿他躲到哪里去了？那里只剩下了一堵白墙似的浓雾。

亨利一边拿出火柴去点燃那盏风灯，一边心里盘算着，假如不去送药了，就这样直接回去，旅馆的老板吃不到药，事情没办成，这可真是件可笑的事情。对于要不要继续往前走，他拿不定主意。这路程只要十五分钟，他想巨怪是不会一直守在这个地方的。

亨利把风灯点燃了,蹲在旁边,又想吸一斗烟。但就在这个时候,他偷眼瞧见,刚刚那个黑色的巨怪也蹲在那里,体形比之前更强大了。

亨利提心吊胆地站起身,没想到巨怪也站了起来,高度直触云霄。此刻只有向回跑这一条路了!鬼迷亨利拿了风灯拔腿就跑,背后被他脚下带起的雪片四处飞舞。

跑了一会儿,嗯嗯!居然又有一个黑影出现在自己的正前方,不过还好,这个的体形比之前的要小很多!怎么这样倒霉呀!两面都有鬼,一大一小!防不胜防呀!亨利站在原地,心里盘算着。正在这时,前面的小鬼说话了:"亨利,是你吗?你这个臭小子!"

真的晕了!是洪医生,谢主保佑!真的是洪医生迎面走了过来!原来旅馆的老板感到身体越来越差,就派人来请洪医生务必劳烦一趟。"亨利一定正在回来的路上。"医生这样想着,可是随即听来人说亨利从没有去过那里,他心中就生起了疑团……碰面之后,亨利赶快向洪医生讲述了自己的吓人经历。

医生生气地说:"亨利,我就要被你活活气死了!你这个人一天比一天笨,一天比一天胆小。跟在我的后面吧。这次你遇到了什么鬼怪只有天晓得!一段矮树或者一块岩石在浓雾中都会被你看成是巨怪。相信我的话!跟在我的后面,巨怪就会不见了。"

不一会儿,两个人就走到了刚刚亨利遇到巨怪的地方。雾墙依旧在,只是巨怪不知去向了。

医生问道:"说吧,到底是怎么一回事?"

"嗯,是这么一回事,刚刚我把风灯放在这里戴手套,之后就发现巨怪站在我的面前了。"亨利一边说着,一边重复刚才的动作,等他把风灯放好,用手在指向巨怪的瞬间,赫然发现巨怪就在眼前站着。"医生,快看呀!他出现了,而且这会儿变成两个了!"

医生问道:"说吧!到底发生了什么事?"

医生擦了擦自己的眼镜，还真的是两个黑色巨怪站在对面的浓雾中。但随即，他哈哈大笑起来，"乔青·柏塞尔，你笨得也太离谱了！"医生指着一脸惊愕的鬼迷亨利说："大笨蛋，这就是你自己的影子呀，你站到了灯的前面，浓雾中自然会有你的影子被照射出来呀。居然被自己的影子吓跑了！你身体上的动作肯定会通过灯光投射到影子上，所以巨怪才会对你的动作进行模仿。它毕竟是你的影子呀，和太阳光以及月光照射产生在地面上的影子不同，眼前这个是产生在浓雾上的，这是因为地上有你放的风灯在那里。"

亨利这才清醒过来，他有些无精打采地走到医生身边，下决心再也不胡思乱想了。

在把烟斗里的烟灰清理干净后，乌拉·波拉博士又装满了一斗新的烟叶。他接着说："孩子们，让我们用心想一想，所有的鬼故事其实都经不起任何的推敲！鬼迷亨利所见到的巨怪和山里人时常看到的山魅或者布洛根魅影，其实都是一回事。每当山顶被浓雾包围的季节，我们的影子就会被初升的太阳投射在浓浓的雾壁之上，假如雾壁离我们非常远，我们的影子就会非常大。我想大家都会懂得，这些被人们称之为魅影的，其实就是人类自己的影子，它们是决然不会伤害人类的，它们也根本无法作怪害人。"

小攸尔苏拉抢着问道："那乌拉·波拉博士，还有什么其他的鬼被亨利看到吗？"

乌拉·波拉博士又接着往下说：

当然，小姑娘，他看到的鬼还有很多！亨利就是个大笨蛋，总在发现新的鬼，似乎是拿了别人的工资，一切为了找鬼！有一天晚上，洪医生的病人生了恶疮，需要动手术，就派亨利回家取自己用的外科器械。亨利发现草地的对面就是村子，他拿定主意抄近路，穿越草地回村子。草地里有个很大的湖泊，并且还有

些地方潮湿异常。天色逐渐暗了下来，可是亨利凭借远处村里几处稀疏的灯光，还辨得清方向。但是对于脚底下的沼地他必须小心提防，不然就会陷进去。开始一段路还算是平稳的，可是他忽然吃惊起来，就在他前面的黑暗中，有一个亮点，它时高时低，时左时右地跳个不停，最终跳到了亨利伸手可及的地方，但又马上不见了。

亨利感到自己迷路了，他感到脚下的沼地似乎在摇动。他环望周遭，发现自己的身后居然有淡淡的光。嗯，自己差点走错路了，村子里的灯光怎么跑到后面去了。

于是，他调整了自己的前进方向，朝着灯光走去，刚才那个小亮点再次飞到了他的身旁，就在离他不远处，不停地飞舞。他很生气："走开些，小东西，我要赶路，假如喜欢，你可以跟我过来！"

亨利把这些忽然涌现出来的亮点当成了是远处村里的灯光，只是它们在亨利面前跳个不停，并没有停止的意思。他换了方向，小火焰依旧在他的周围闪烁。四周开始发出一阵微微的哀鸣，好像那烧开的水沸腾不止，脚下的地面越来越柔软，感觉像是在橡皮上行走一般，一种好似压抑着的嬉笑声不时传入耳朵。这一切令亨利感到害怕，他撒腿就跑，原本前面的小火焰立刻躲闪至两边，可是脚下还不断地有新的小火焰钻出来。

亨利吓得浑身颤抖，立在原地不敢动弹。地面下的水不停地被靴子顶端从地下向外挤，可这并不能熄灭脚下的小火焰。亨利彻底被打败了，不知如何是好。到底哪个方向是小村庄，他根本想不起来了，他彻底迷路了。此刻，亨利的眼前只有那些绿色的小火焰，在四周不停地跳动，根本没有什么村庄的灯光。

亨利屏着气说："这都是些什么鬼东西呀？一定是什么妖精或者在这个沼泽里淹死的人的灵魂吧？它们出现在夜里，并且用自己的舞姿和光亮把人们引向迷途，它们一定是鬼，这一点是特别肯定的。不知道我的主人洪医生对这些鬼把戏又会有怎样的解释。"

鬼迷亨利就这样站在那里一动不动，进也不是退也不是，不知如何是好，脑子里乱哄哄的。那些小火焰很多时候距离亨利很近，以至于都可以被亨利伸手抓住。亨利做了几次尝试，可是根本没有用，它们好像都不存在似的，就连温度都没有。

　　这样的僵持大概持续了一刻钟，亨利忽然听到了很远的地方，有车轮子和石路碰撞的声音传过来，他高兴极了。感谢老天，车子在慢慢地靠近，又过了一会儿，有两个人的谈话声传了过来。最终，车子上的灯光映入了亨利的眼帘，他再也顾不得四处飞溅的泥水，向车子飞奔而去。

　　他不停地打着招呼："嗨！等等！嗨！等等……"

　　车里总算有人答话了："嗨！"

　　"请问这是通往前面村庄的路吗？请问你们是不是去前面的村子？"

　　"是的，如果需要搭车，你就上来吧！"

　　亨利赶紧抓住机会，跳上了车子。

　　车上一个务农的人问道："你怎么会从沼泽地里跑出来？是不是找不到路了？这条路在黑暗里是不能走的，一不小心，就会把自己整个陷进去，太危险了！"

　　亨利就把自己如何来到这里，如何被火焰吸引上迷途，一一诉说了一遍。

　　"是这样呀！"车上的人应道，"那小火焰就是鬼火了。很多人都被这些小鬼吸引过，致使自己偏离大道，误入沼泽，最后葬身在那里。听过这样一个故事，这个村子里在几百年前住着的人们非常野蛮。有一帮讨饭的人，在一个大雨滂沱的夜晚来到这个村里讨吃讨住，结果被村里人轰了出来。这些讨饭的人后来都被淹死在了沼泽里，现在夜晚出来跳舞的就是他们的灵魂，他们要把人引诱进沼泽之后将其困死在里面。可是村子里的小学教师很不认同这些说法，他认为鬼火是一种很平常东西！"

　　亨利非常生气地说："这些恶鬼太可恶了！对此，警察有着不可推卸的责

任！警察们就知道对夜里喝酒，以及在马路上唱歌的人给予处罚，其他的一概不予理会！"

车上的务农人附和着："没错，就是这样的！"马儿在他们的"驾驾"声中，快步奔向小村落去了。对于今晚的经历，亨利是决计不会告诉洪医生的，因为听完后的洪医生一定会再次地取笑他……

故事说到这儿，有个孩子插嘴问道："这样的光我同样看到过。只是都是在夏天的晚上，它们都是些绿色的小亮点，和针尖大小差不多，它们在门外的树林里飞来飞去，美丽极了。"

乌拉·波拉回答说："嗯，你看到的是萤火虫，和亨利遇到的鬼火并不是一种东西。人们对于发光的萤火虫都非常喜欢，它们会在夏天的晚上飞舞在小树林中，或者在草叶上栖息。

"可是说到鬼火，那是一种完全不同的东西。路人非常有可能被它们引诱到沼泽地去，这是由于鬼火多是出现在埋藏着动植物残骸的低湿地带。这是个自然现象，没有任何值得奇怪的地方。因为一种被称做是磷化三氢的腥臭气体，它会在埋藏着腐烂动植物的泥土中挥发出来。磷化三氢遇到空气就会自然变为小火焰那样的光亮。游荡在低湿沼泽地上的磷化三氢随风飘荡，就好像是小火焰在跳舞一样。这就是鬼火或磷火现象的本质。你们应当明白，根本不存在什么鬼。

"真是这样的，孩子们，世界上存在很多奇怪的事情，对于一些缺乏教育的人们，他们假如在自然界中看到什么怪异现象，我们不能横加指责。假如他们可以细致地观察这些现象，就会发现，这些现象和浮云飘于高空以及偌大的谷穗可以从一个谷粒中生长出来相比，显得更为简单。可是亨利在这方面从没有悔改过，对于鬼的存在他依然坚持着。有个成语叫接连不断，上面我刚刚讲完有关他的两个故事，接下来，你们就来听听我讲的第三个故事！"

第六章 鬼迷亨利

在一个夏末凉爽的夜晚，亨利由哈南克利回哥斯拉。他走的路线要穿过树林，树林里天色暗淡，阴郁的天空似乎就要压到人们的身上来了。心无安宁的亨利，忽然对树林中一种怪异好似折裂的声音产生了想象。

一个令人惊骇的叫声和挥动沉重翅膀的声音忽然传入亨利的耳朵，紧接着，一个非常怪异的东西出现在他前面不远的地方。

这个浑身上下散发着奇怪黄绿色光芒的东西，大约有一人高。头非常大，形状丑陋，只有一对大眼睛被我们看得很清楚。前额散披着一大绺毛发。寂静的树林里没有一丝风，但是那些毛发居然在不停地晃动。两个黑炭似的巨大臂膀向外伸开着，似乎不准备让亨利通过。这个怪物的叫声非常悲惨，时而像孩子似的哇哇叫，时而又悲惨地呜咽。

这个怪物越是被亨利盯得时间久了，它所发出的光就越是明亮，这让亨利根本不敢靠近，更不用说穿过去。

亨利的心里不住地咒骂："蛮横的鬼怪！"它就那样静静地站在那里，两只手臂向外伸开和开始保持着一致，唯有头上的毛发不停地飘动在发光的前额上。

由于浑身颤抖，亨利的手杖被掉在了地上。一声响亮的惨叫从那鬼怪处发了出来，同时它似乎正向亨利猛扑过来。亨利之后再没有听到任何声音，又没有看到任何东西。他马上转过身来，抬脚就向树林外面跑，嘴里还不停地尖叫。他的脸孔由于飞奔而小树枝打得很痛。经过老远的距离后，亨利才大着胆子停下来休息，他大口地喘着粗气。之后，他穿过伐木工人开辟的新路，在树林外围绕了很大的一个圈子，才回到家。时间已经不早了，他累坏了，浑身一点力气也没有了，不争气的肚子也跟着咕咕叫。

亨利不停地唠叨着："这回，洪医生肯定要被我难倒了！我一定把自己在树林中遇到鬼怪，并且把手杖弄丢的事情告诉他。像这样在夜里跑腿的工作，我之后再也不肯做了。对于这个新鬼，我倒要听听他有何见解。"

到了第二天早上，亨利真的和洪医生谈了和新鬼相遇以及自己之后的想法。对于亨利的人品，洪医生还是比较清楚的，亨利此刻只是迫于惊吓才产生了这样的想法。洪医生不想再和他发生争执，说道："好吧，亲爱的！我今晚同你一起出去，对于哈南克利生病的小学老师，我不论怎样都要去看一次的。假如那个东西真的像你说的那样可怕，你的要求我答应了，到树林中送药品跑路的事情以后再也不用你了。可是如果你被证明是胆小鬼，我只能告诉你：'乔青·柏塞尔，你可真的是一个愚蠢的人呀！'"

晚上，两个人一起出门，时间不长就来到了亨利遇到新鬼的地方。一切都没有发生变化，亨利的手杖在地上好好地躺着。一个被折断并且腐烂的半截老树桩就矗立在十步开外。有棵小松树躲在树桩的后面，它的枝杈在树桩的后面向外伸展着。一丛向下低垂的凤尾草生长在老树桩的顶部。医生推断这里曾经住着一只小苍鸮①，因为上面散落着各种的垃圾以及羽毛。

医生终于明白了昨晚亨利遇到的是个什么情景了。于是，他笑着对亨利说："亨利，过来看一下这个戏弄你的恶鬼吧！黑暗里的烂木桩经常地发出亮光，等夜里我们经过这里的时候，你就会发现这个正在发光的木桩。这两片苔藓就是被你看到的眼睛，凤尾草就是毛发。后面的小松树枝杈就是你看到的手臂，至于那悲惨的嚎叫，就是躲在树桩里的小苍鸮发出来的，也正是它弄得凤尾草飘动不止。你弄掉的手杖，把这鸟儿吓得尖叫着飞走了。这就是你遇到的新鬼。"

亨利虽然动摇了几分，但是固执的他仍然倔强地认为自己遇到的就是一个鬼。他不停地辩解："它能发出奇特的亮光！除非今晚老树桩依旧可以发出如此怪异的光明，否则我说的就是真的。"

医生用很短的时间处理完正事，于是，两人就一同向回走。老树桩的位置马上就要到了，他们真的发现那里发出很明亮的光芒，这种现象就连医生自己

---

①一种鸮鸟，它的叫声很特别，在黑暗的树林中会使胆小者产生恐惧。

也是初次亲眼看到。医生告诉亨利："我是不是没有骗你呀！你可以砍下一些带回家去，用它强烈的光芒来照明，夜里看表非常清楚。我这就给你说明一下。这些发光的是些菌类。寄生着这些发光菌类的腐烂的鱼和肉，它们在暗处也可以发光，尤其是气温高的时候。南美的森林中就寄生着好多这样发光的菌类，它们发出的光很怪异。有无数的菌丝寄生在这个老树桩上，它们在使树桩腐烂的同时也会发出怪异的光。朋友，这是个非常简单的道理，不是吗？可是，在我的一番话之后，你寻找新鬼的行动还是无法停下来，这我是再清楚不过了。因此，我要对你说：'乔青·柏塞尔，你真的是非常的愚蠢！'"

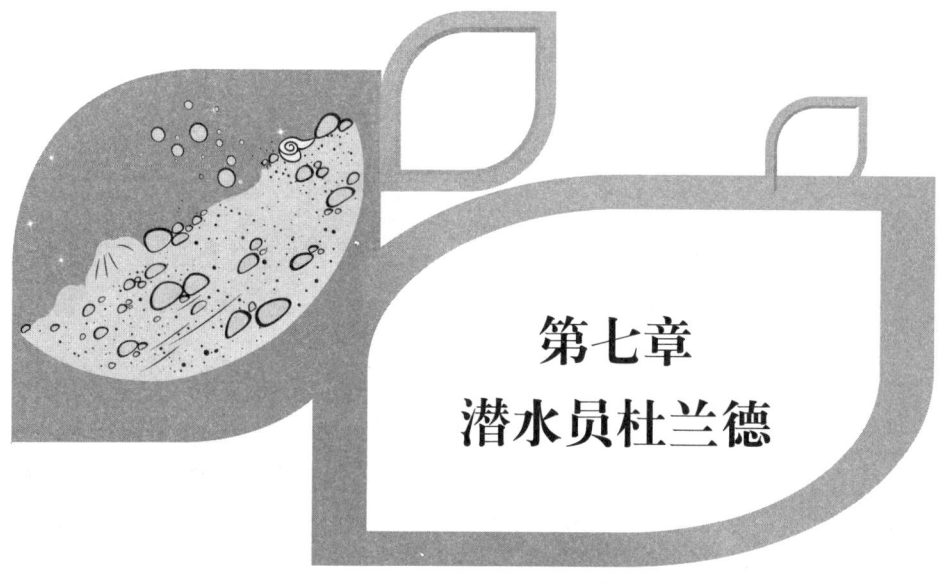

第七章
潜水员杜兰德

哥斯拉的佛兰根堡平原上矗立着的乌拉·波拉博士的房子,它和正规的博物馆相比,简直没有什么两样。房顶是光滑的石板,梁柱上有鲜艳的雕刻,就连一个小小的窗户都非常古朴与奇特。各种书籍、器材,还有不同种类的收藏品,从房间的地下室到房顶,塞得到处都是。被铁皮包裹和白铜锁锁着的箱子垒满了四处,用女仆老克立斯蒂娜的话说,都是些没用的东西,她真的不知道这些东西的用处是什么?里面的东西五花八门,包括动物的化石、稀有的贝壳和甲虫、鸟类的骨架和人类的骸骨,还包括放大镜、古老的航海仪器和表,印第安人的鸟蛋、弓箭、稀有的邮票和货币,还有原始人使用过的刀具等。

其他的东西还有很多。其中有个奇怪的橱子被放在怪异老头的书房里。一块绿色的幕布遮挡在橱窗玻璃的后面，这样一来，里面都放着什么东西，从外面根本看不到。可是有时候我们小伙伴来到这里，正赶上乌拉·波拉对里面的东西做检查，对里面的真面目我们也就有幸见到。里面的东西包括：一柄生锈的宝剑，一把很大的钥匙，两只非常奇怪的烟斗，一个空瓶居然是棕色的，一件绿色的背心，一支原本做钢笔用的鹅毛管，一堆陈旧的发黄的信件，精巧的月桂冠，一片金属片好像是棺材上掉下来的，还包括骨骼，以及其他很多的东西。

经过女仆的介绍，我们知道了这是博士的纪念橱。她还告诉我们，一定不要打扰正在检查古董的博士，这是由于收藏在里面的所有物品，要么是对一个深刻经验的纪念，要么就是很早去世的名人遗物。

有一天，我们刚好看到在橱窗前检查古董的博士，他正用自己巨大的玳瑁边眼镜对一个生满铁锈的铁栓进行检查。我们都不敢打扰他，无声无息地站在他的一旁，对于他究竟能够在这个破铁栓上看到些什么，我们谁也想不透。

他忽然转身看着我们说："孩子们，瞧，这可是一段很有来历的铁栓呢！当初在海底躺着的这个铁栓，曾救过我的一个朋友，他的名字名叫约翰·杜兰德。杜兰德是个潜水员。为了对你们从山上为我割青草回来表示答谢，我现在就把杜兰德讲给我听的故事，这个有关铁栓的故事讲给你们听。"

老人和往常一样，漫步到高背的安乐椅旁边，悠闲地吸一口鼻烟，在打完两个喷嚏后，开始了对故事的叙述：

在我还是一个小孩子的时候，我就认识了杜兰德。在一次远航南非的旅途中，我的父亲第一次认识了杜兰德。轮船和火车在当时还没有被发明出来，穿梭来往在各地间的只有体形庞大的帆船，而我的父亲就是这艘帆船上的一名医生。杜兰德在当时是一个出色的海员，个子高高的，肩膀很宽，一身黝黑的皮肤，棕黄色的脸上长着一双蓝色的眼睛，代表着海员特色的金耳环被吊在了左耳边。

在我们家他一共住了三天，早年航海的经历是他和父亲每日里共同的话题。

那是在一个下着大雨的晚上,狂风吹得门缝呼呼地响,杜兰德和父亲在一边喝着烧酒,母亲和我们在另一边做手工。这个铁栓就是在那个时候被他拿出来的,同时他还讲了一个很有意思的故事。

他招呼了父亲的名字,并且说这是昨天答应好的,把伊萨贝拉号上的故事讲给父亲听。他感觉机会来了,正好说一说那次经历。

那是在1822年的时候,我在直布罗陀和威德角群岛执行一次任务。这条水道是非常繁忙的,这条水道上沉没了很多超棒的船只,特别是亚速尔群岛、加里群岛、马德拉群岛,以及威德角群岛周围。在那里,有时候一个出色的潜水员能够捞上一袋银元。我那时的工作地点是在优美的马德拉群岛中的芬查尔,潜水工作非常繁忙,这都要得益于那里的海港基础。在一艘由葡萄牙里斯本前往马德拉的大帆船沉没之后的一个晚上,老潜水员奥尔·柯克叫人来请我商量这件事情,他是一位非常有名的潜水员,他告诉我,波多桑多的东北方向,昨天夜里有一艘帆船沉没了。

我当时正在巴洛马的酒店里和朋友一起玩纸牌、喝甜酒,我们当时吸烟简直不要命了,浓浓的烟雾几乎把屋顶的油光灯都给遮挡了。当时,我对朋友们说:"弟兄们,我们一天辛勤劳苦最终换来这烟和酒,该知足了!假如老水鬼要打我的注意,叫我去捞波多桑多外面的沉船,那他一定不会得逞。兄弟,转告他,这是我的原话,我首先请你喝杯甜酒,我请客。"

来的人被我说动了,喝得迷迷糊糊地回去了。

我们又继续玩纸牌,过了一个小时左右,奥尔·柯克那个肥胖犹如酒桶的水鬼推门走了进来。

"各位朋友,"站在浓浓烟雾里的柯克说道,"杜兰德刚刚没有接受我的邀请,我只好自己来了。"他一边说着,一边呼呼喘着气,一屁股坐在了宽大的橡木桌子旁边。

我大声地说:"老板,赶快给我们这位赫赫有名的奥尔·柯克来一杯本店最

由葡萄牙里斯本前往马德拉的大帆船

好的一杯酒,他可是热带水鬼中本领最大的一个。"

我们继续大口喝酒,大口吸烟,烟雾缭绕,就算有人站到对面,我们都看不到了。一直等到半夜的时候,柯克小声对我说:"我们说定了,明天一早搭潜水船出去,之后由你下水对那艘沉在八十米深处的伊萨贝尔号进行探测。你是不二人选,尼尔斯·尼尔生下去有些勉强,更何况他生病已经有段时间了,听说他的胃还有被修补一通呢!"

"八十米深!"我有些吃惊,"潜到那里根本就无法呼吸,太危险了!关键是这样的事情,我没有什么兴趣!你怎么会对伊萨贝尔号如此动心。不会是有大批的金条在上面吧?"

奥尔·柯克靠近我的耳朵小声说:"小兄弟,如果不是什么重要的工作,如果不是有大量的报酬,我会去干吗?这可是一份高收入的事情,对这件事情,葡萄牙政府还提供了一份特别奖金呢。"

"去他的,就是有点危险性。不过老水鬼,报酬还可以!"

"那当然了,小点声,听我把事情的经过慢慢告诉你:伊萨贝尔号上有一个重要人物,好像是什么大使,帆船是从里斯本来的,有一份要递交岛国的重要文件就带在这位大使的身上。还有很多的枪械和弹药也装在船上了。船沉没的速度如此快,肯定是受到突然事件的影响,比如爆炸等。不仅如此,海面当时曾有闪光以及巨大的声响发出来,这被波多桑多的灯塔守护人看到了。应当就是那件事情。就是这份文件,葡萄牙政府愿意出重金取回。今天来找我的就他们的代表,让我介绍一个优秀的潜水员给他们。我和他讲,人的心肺可不是用牛皮制作的,潜到八十米就会承受不住,是很危险的。可是杜兰德也许能够试一试,或许原本上帝要造一只水牛,结果错拿了骨骼和泥土最后造出了他,这是我知道的唯一一个人。"

一旁的朋友们哈哈大笑:"说得不错,这是一句大实话!"

见我迟迟未作出决定接受这份工作,老狐狸狡猾地一笑,又说出了另外一个故事：喔，诸位，在我还年轻的时候，这样的事情不止做过一次。以前的潜水衣和氧气筒比现在差远了，我现在真的是上了年纪，干不动了。不过我真的不甘心，因为有一个母亲就在伊萨贝拉号上，她原本是到这里接两个孩子去西班牙的。她的军官丈夫在这里陪着两个孩子，现在死了。此刻母亲和这帆船一齐沉到了海底。两个孩子成了可怜虫，他们每天都去灯塔里用两双泪眼注视着母亲沉没的海域。可能会有一笔钱财被母亲带在身边。如果能帮他们找到这笔钱财，那也是功德一件。难道可以帮这个忙的人选还有比海员更合适的吗？

"老水鬼！"我接口说着，"你讲话的本事都要比得上律师了，简直可以把死的说活过来。那就这样，叫两个孩子放心，我不只是个会喝酒的海员。潜水到伊萨贝尔号的工作我接受了，但是有一个条件，就是潜水船上的工作要你亲自负责。毕竟这是一个非常危险的工作，稍有疏忽，我都会毙命水下。"

柯克一边用他犹如钢铁一般的巨大手掌在我的后背上重重地一拍，一边高兴地说："那是一定的，朋友！那大伙是不是该回去休息了？明天一亮天我们就出发。"

就这样，大伙摇摇晃晃地走开了。酒馆外大雾弥漫，漆黑一片，可是老酒鬼紫铜色的鼻子却闪闪发着亮光，就像是船上的吊灯。

说到此处，乌拉·波拉博士停了下来，把烟斗装满了烟叶。女仆克立斯蒂娜帮主人戴了一顶睡帽，又拿了一些糖果给我们，最后弄旺了炉火，径自走开了。

老人继续说他的故事：

孩子们，这是个非常危险的工作。潜水到海底是件非常了不起的事情，一般潜水能够到达的地方都很浅。杜兰德那个时候的潜水是非常危险的，我们应当很容易理解，他为什么不愿意潜八十米深去找那艘沉船。

可是，水底的工作到底困难在什么地方呢？首先是海水施加在人体上的巨

大压力！你们都不要忘了，我们现在的居住环境其实就是一个海底世界，不过我们的海是"空气之海"我们都被数十千米厚的空气压迫着。如果我们的上面像月球上那样没有了空气的压迫，我们的动作一定会显得更加轻快。

可是空气重量的八百倍才能够和水持平。对于这样的结果，我们可以通过对一个铅桶装满水的前后进行比较，从而轻松体会到。潜水员在潜水的过程中，身体受到海水的压力非常大，这种压力会随着潜水深度的增加而增大。人体的身体结构只是适合在地面上生活，并不适合于水下生活，水下的压力会对人体产生不好的影响。水下巨大的压力会对心和肺的作用产生巨大破坏。正是因为这样的原因，像一些耳鸣、盲目，以及心脏病等不同的病痛一直困扰那些上了年纪的潜水员。

在海底沉下一个空罐头盒子，之后再把盒子提上来，空罐头盒子就会被海水压扁，如果换成是软木球，海水就会把它压成铜元模样。前提是空罐头盒子的下沉深度一定要达到几百米才可以。不用担心，孩子们，海底比这要深多了。有那么几个地方，像日本群岛周围深度居然有九千七百多米，假如我们把高度为八千八百四十八米的世界第一高峰——中国的珠穆朗玛峰放到这里，它也不过刚刚到达海的鼻尖位置。①

你们应当明白，对于目前超过一百米深度的海水，潜水员中还没有任何一个能够安全到达。可是在沉没的船只当中，根本没有几条会停留在这样浅的海域里！而沉到更深海里的人和物，我们就再也无法看到了，他们只能永久地呆在那里了。阳光和波浪根本到达不了那里，他们只能躺在永远寂静和没有光明的海底。

我们再回到约翰·杜兰德的故事，依他自己的口吻接着刚才讲下去。

第二天一早，太阳一露头，我们就来到了潜水船集合。远道而来的葡萄牙

---

①此数据是中华人民共和国的测量登山队在 2005 年 5 月 22 日重新测量的最新数据。

第七章 潜水员杜兰德

官员把大使的照片带来给我们看了一眼。我的朋友尼尔斯·尼尔生,以及所有奉命参加此次潜水工作的人员,当然还有奥尔·柯克。两个失去母亲的孩子被修女带领着,就在我们正要开船去波多桑多的时候赶了过来。事发之后,我们没有听说有什么救生的船只在某个地方靠岸,所以我们推断那位母亲一定是和伊萨贝尔号共同沉入海底了。毕竟这场沉船是发生在夜里,又事发突然,无一幸免也属正常。

柯克告诉两个孩子,我就是即将要潜水到他们死去的母亲那里去的潜水员!并且要帮他们拿回母亲带给他们的东西。他要孩子们为我祝福,并祈求上帝保佑我。他还说我是个勇敢的家伙,我的这次潜水就是为了帮助他们拿回母亲那里的东西。

两个孩子泪眼汪汪的,用极其微小的声音祈祷着。修女为了祈祷潜水顺利,也不停地在胸前画着十字,我们的船就这样驶离了芬查尔湾。

我们又来到波多桑多,向灯塔的守护人询问清楚伊萨贝尔号沉没的大概方位。按照他们指点的方位,我们马上把船驶向那个距离陆地很近的地方。我们把一个锚抛了下去,几乎可以接触到海底,之后我们开始依照不同的方向巡航,大约过了一个小时,感觉有什么东西被船锚抓住了。我们拉起锚,继续围绕着障碍物巡航,其间不停地用船锚对它的位置进行试探。可以肯定,这就是那艘沉船的位置。船锚有一次抓得很牢,等我们拖拉上来之后,发现有一个滑车挂在它的上面。哈哈,我们谁也没有想到,在如此短的时间就找到了这艘船。我们把几个船锚都抛下了船,好使潜水船停下来。全部船员都在柯克的指挥下对潜水的各项工作进行准备。

你要明白,水面上的唧筒经过皮管压下来的空气,是我们海下潜水员整个生命的依托。假如唧筒或者皮管出现了问题,要么马上浮出水面,要么死在海底,在没有别的选择。可是你根本不可能快速地浮出水面。可是,毕竟很少发生机械出现故障的情况。这次给我供给空气的唧筒是经过了严密检查的,并且还被一个专人看管着。接着,柯克拿出一件几乎崭新的潜水衣亲自帮我穿好。潜水衣密不透水,橡皮袖把手腕和脚腕等处都绷得紧紧的。为了不使自己像一个轻飘飘的木偶,一触就倒,能够在水下站得稳稳的,他们特意把一双非常沉的厚铅底潜水靴穿在了我的脚上。

为了把头部完全密封起来,最后我又戴上了一顶圆形的铜质潜水盔。随后,螺旋紧紧地把头盔和潜水衣的颈圈连接在了一起。为防漏水,还要把一圈橡皮套裹在螺旋的外面。另外还有一个带有匕首的腰带,这是用来对付鲨鱼和其他危险动物的袭击。一切准备工作都已就绪。

我趁着柯克在我头盔上旋气管,尼尔生尚未把厚玻璃扣到我的头盔上使我和外界隔绝之前,赶紧拿出烟头,猛吸了几口香烟。我对尼尔生说:"趁着大好的阳光,我要抓紧机会多吸几口,难说以后就吸不到了,毕竟我下去后的结果谁也无法预料。"

柯克在后面搭话:"我潜水的时候也有这样的想法。兄弟听好了!有一大笔外快正等着我们呢,只要拿到船里的账簿和文件就可以了。把东西拿上来,我们每个人都可以分到整箱的荷兰烟草和成桶的甜酒,千万记住了!"

原本只是在一边观看我穿潜水衣的葡萄牙特使,此时也走到了我的身前。我们水鬼看到他戴独眼镜和礼帽的样子就觉得怪异。"杜兰德先生,这是勃雷拉先生的照片,你好好看看。对于他身边的文件,我国政府悬赏1000元西班牙银币。你的工作可以开始了,祝你好运!"

我既然答应就会竭尽全力,于是点头应允。柯克在一边自言自语:"1000元西班牙银币。"从他嗤着红色的弯鼻子以及略带不解的神情可以看出,他一定是在计算这笔钱可以买到多少甜酒。

我喊了:"准备!"

头盔的玻璃扣好了。负责唧筒供气的人立即着手工作,柯克在我的腰上系好救生用的绳子(这个绳子是水下的潜水员和水上的人联系用的,主要区别是拉绳子的次数。），拖着沉重铅靴的我就沿着船边的绳梯爬了下去。

我下水之前特别想看到的就是那个西班牙特使的大礼帽。一到水下，一股寒冷的感觉马上穿透了潜水衣。我用力拉了一下绳子的末端。上面的人开始慢慢把我送入深水中，越来越深。一些葱绿清澄的波纹包围着我。潜水船的龙骨在我的头上成了一个黑影。

我的下降速度很慢，并且不时地在某个地方还要停顿一下，这是非常重要的一点，这是为的潜水员的心和肺可以对不断增加的水压有一个慢慢适应的过程。水的透明度和玻璃是一样的，远处闪动的鱼类我都可以看得一清二楚。又过了一会儿，一个卧在黄色土地上的黑色物体映入了我的眼帘。这应当就是那艘沉船，但是距离太远，我看不清楚。

我还在下沉，不时地停留。四周更加地黑暗了。即便是十分清澈的水里，在深度三十米的时候，那里的光亮和白天的黎明没有什么两样。等到深度八十米的地方，就是一片漆黑了，在这样深的地方见到太阳光除非是在极好的天气里。

可是那里并非什么也看不到，因为那里有数以千万的闪着银光的贝壳和贝壳的碎片覆盖在海底的沙地上面。我们的潜水员就像黑暗中的鼹鼠一样，早就适应了这种亮度下的工作。

海底的地面并非是一马平川，满是陷脚淤泥的地方，我也去过几个。比如英国沿海，接近大河入海口的某个地方，流泻的河水总是把一大堆的淤泥和在那里；也有的地方海底长满了藤蔓，就像是森林荒野一般，这些藤蔓是会缠人的，惨剧会发生在任何的时候。还有山地般的海底，时高时低，更有的是在幽暗的深谷中矗立起来的珊瑚礁，到处都是深坑岩壁。

柯克这次的行事真的是非常小心！就在八分钟前，我把接触到海底的消息通过救生绳传递给了潜水船上的伙伴。

我前面二十步的地方就是伊萨贝尔号的黑色船身。沙地上斜躺着的船身显得有些异样，下垂的桅锁和帆布，阴森森矗立着的桅杆。我自言自语地说："亲爱的，我总算到达海底了。只有小心地应对，才可以安全地返回岸上，干活利索是必需的，但是不能着急。"潜水员在这样深的海底是不可以太劳累的。不然，自己的体力也只能坚持五分钟左右，为保证安全就要马上发送上升的信号。我非常小心地利用沉船上的绳子，缓缓地爬上甲板。我的时间十分宝贵，因此对于横卧在那里的无药可救的水手，我连看到两次都没有停留。一刻钟是我在这里的最长时间，我有很多的事情要在这一刻钟里完成。

大使、船长、两个孩子的母亲根本不在甲板上，他们应当是在甲板的下面。为了不使通气皮管和救生绳子被帆索缠住，我小心翼翼地向甲板仓那里的楼梯走去。伊萨贝尔号这艘老船真的过时了，有些木桶和船梁在船身下沉时滚落下来把楼梯口的小门堵住了。可马上有另一个入口跳入了我的眼帘，那里的门是可以上下关闭的，尺寸不大。连接上下的梯子非常陡峭，我下去的时候非常小心。光线很暗，可是一会儿就适应了。有一缕非常昏暗的光线透过厚厚的天窗和边窗玻璃射了进来。船长室就在甬道的一侧，在里面并没有发现船长本人。一个装有钱箱和随船文件的铁柜子就放在小桌子的下面。我拿定主意，先带上这个小铁皮柜子。如此沉重的东西，在陆地上必须有两个强壮的人才弄得动，可是所有东西在水里都变得比较轻了。物体变轻也就好提了，就好像陌生的人闯入水世界随后被推出来一样。就这样，大铁柜被我慢慢拖至舱口，经过陡峭的楼梯拉到甲板上。放好之后，我给上面发了信号，叫他们把一条绳子放下来。时间不长，我身边就飘下来一根系着重物的绳子。我用这根绳子把大柜子拴好了，用力拉了拉绳子的另一端。这个大铁柜就被上面的伙伴们慢慢拉上去了。它慢慢地上升，最后消失在我头顶的绿色亮光里。

我此时已经适应了水下幽暗光亮照射的一切，周围的海洋生物都被我看得非常清楚。我身边有很多形状怪异的动物慢慢游过。也有很多的动物隐藏在沉船的滑轮中间，一动也不动，似乎是在对什么进行窃听似的。在我的身边，正慢慢游过来一条长约半码、形状怪异的大口塘鹅鱼，它身体的大部分都被自己的大嘴占据了，就好像一个大水勺。像猫一样黝黑的颜色，它不怀好意的注视着我的头盔。也许是出于陌生，最后它慢慢游走了。

稚嫩的身体接近透明状，四周还有不停晃动的探路用的柔软手臂，这就是散发着五彩红光的海葵和水母，它们正慢慢向我靠近。它们犹如用五彩玻璃制作成的玩具。大星鱼挥动着五条长臂幽幽地在我身边滑过。紧随其后的是用小角和触须探路的深海巨蟹，一对突兀的眼珠以及横七竖八的脚令人十分害怕。我的四周还有很多游戏的小鱼，它们的身上都闪着银光，就好像河边杨柳树间不断穿梭的小飞虫。正慢慢靠近我的还有一个长脚的海蜘蛛。那边还有一个在泥土中生活的形状犹如奇怪的皮袋子的黑鲸，这是个吓人的家伙，满口的尖锐牙齿，一对细长的触角长在头上，就和马戏团小丑头上顶着的孔雀羽毛没有什么两样。它正对一群小蟹进行追捕，而对于这个馋嘴的大皮袋子的吞噬，小蟹们正拼命地躲藏。深海的海底居民是可以发光的，它们发出的光犹如火柴头上的磷火光芒，是一种暗淡的黄绿色。具有五花八门的形状和色彩的葡萄爬行生物都齐聚在我的周围。这一切就像是一幅幅不断变换的自然漫画，各种奇特的动物犹如不同颜色的鲜花。

毕竟我的时间有限，不可能对这些有什么详细的观察。顺着楼梯我再次地向舱下走去，可是一不小心，在陡直的楼梯上滑了一下，绳子被我拉动了。紧跟着"砰"的一声巨响，四周更加黑暗了。我吓了一跳，向上一看，只见那扇舱门自己关上了。我有些手忙脚乱，真担心空气供给的管子会被压瘪，毕竟气管是被压在了舱门的下面。我马上爬向舱门，用尽全力想把它推开，但是就好像是有个魔鬼守在那里一样，推了几次都没见有动静。好在空气供给在那个时候还算通畅。我把头探过去看了一下，只见刚好有个铁栓撑在那里，使得舱门无法完全合拢。有一个拇指大小的缝隙恰恰能使气管通过，不然早把我憋死了。即便如此，这也好像是座水牢，把我绝望地关在了里面。救生绳紧紧地撑在那里，

周围的海洋生物都被我看得一清二楚

第七章 潜水员杜兰德

上面的伙伴们根本无法得到我的求救信号。我在水下的时间已经不多了，这件事情真的令人感到担心。我的身体已经渐渐无法和水下的压力相抗衡了，跳动的颥颥骨，嗡嗡作响的耳朵都在不断地对我进行提醒。

"孩子们，"乌拉·波拉博士讲到这里，停顿了一下，又继续说："潜水员讲到这段自己亲身经历的历险，感到有必要拼一杯新鲜的混合酒。他拼的是一杯只混合有少量糖和水的浓酒，里面大多都是酒。我在当时和你们一样，也是个什么都不知道的孩子，就如同坐在那边的汉斯，就知道张大嘴巴一心地听故事。"

潜水员的故事继续下去，杜拉德再次装满了烟斗，深深陷入了对过去的回忆中，可是他总算意识到自己现在是在朋友家里，于是，他接着说：

很多危险的时刻，我以前也都碰到过，并且总能够安全脱险，可是这次不同，这是我一生之中最最惨痛的一次。我盯着那个铁栓——这个拯救了我生命的东西，望了好长时间，心中盘算着，假如这次再能脱险，我一定要扭下它然后永远带在自己身边。可能要经过很长的一段时间，上面的伙伴才能发觉事情不对劲。还有就是，尼尔斯·尼尔生是唯一一个可以潜到这个深度的人，他会不会来救我的问题。我的脑子里全是些形式各异的悲惨画面。很多在类似的事故牺牲的伙伴们——走进了我的记忆。头被绳箍缠住的就是其中一个，他刚好被紧拖绳子的伙伴活活勒紧在绳箍处，无法呼吸。当另一个潜水员发觉有问题再下来的时候，只看到了他的尸体。

我此时的心情倒是逐渐安稳下来，一切都听老天爷的安排吧。我又开始抓紧时间工作。我把紧撑在舱门那里的救生绳割断了，赶紧向船舱走去。我在第三个房间里发现了两个孩子的母亲。躺在门边的她衣服完好，手里紧紧捧着一个袋子，这应当是她的最重要的财产，看样子她是被突然闯进来的海水吓坏了。她虽已死去，可是脸孔并不狰狞，只是表情中流露着无限的悲痛，这应当是怀念孩子所致吧。我发现有一本日记放在她的桌子上。她把有关对孩子的观察和本次旅行的见闻都一一记录了下来。有一首短诗写在最后摊开的一页上，那是在她临死前，看到陆地的时候写的：

金黄色的光芒伴随着落日渐渐消逝，
远处不断传来拍岸的涛声！
船帆间住满了和煦的南风，
黄昏的宁静充满在沉沉的暮色中。
舟前清早的微风正在玩耍，
引人发笑的是林地里的壮丽与青葱，
就让白帆飘飞在高空里，
锚儿抛下，感谢上苍的美意！

对这几行诗进行阅读的过程中，又联想到在自己正身处绝境，我的心里非常难过。近在咫尺的港口，这位母亲是永远也无法到达了。可是，不知自己是否还能和这港口见上一面？忽然一阵响亮的钟声把我惊醒了，发生了什么事情？接下来还有转动东西的声音，整个房间都被噪声填满了。我被吓得犹如着了魔，迅速跑向舱口梯子的旁边，周围的一切都被我抛向了九霄云外。清醒后的我总算听出来了，这是一只欢快的舞曲，它居然紧追我不放。那转动东西的声音再次响起，船舱的寂静在这个噪声停止后，又回来了。我一边向回跑，一边自言自语："亲爱的，镇定些，世界上绝没有超乎自然的事情。这里全部都是死人，唯独自己是活着的，这乐声绝不是死人演奏出来的。"终于，我在四下张望中找到了使自己惊吓的原因，它就是在女客舱门口悬挂着的形体巨大的八音钟。这个挂钟居然没有停，它会在每一个整点都演奏一首乐曲。你应当明白，在水里声音的传播的强度和距离远比空气中大。当然主要是料想不到如此强劲的音乐会在这种极其沉静的地方响起来，我因此才被吓得好似中风一般。这件疯狂的事情在现在看来确实可笑，可是在那个时候，总会使人联想到魔鬼！等我弄明白这一切后，我又回去把那位母亲的日记和行囊拿到了楼梯口，对于自己的身体，我清醒地知道已经无法支撑了。鼻子在滴血，头部嗡嗡作响，就像是低音四弦琴，沉重的四肢几乎不能移动了。我"扑通"坐在了楼梯上，接近昏迷的样子。我的眼前犹如绿叶的海，波涛汹涌，周围所有的东西都在眼前不住地闪动，一切都似在绿光中晃动。此外，我头盔的排气孔不断地有呼吸过的废气排出，这些气泡不断地经由耳边向上飘去，这就在我的耳朵里形成了一种比较单调的乐音，这乐音使人哀伤，令人悲痛。我的心里非常混乱，对于所有的事物、原因等，都根本无法分析辨别了。

忽然有种大梦初醒的感觉。天塌地陷般的破裂声，在我的头顶上响了起来，耳朵都被震得很痛。原来这是尼尔斯·尼尔生搭救我来了，当然这是事后才知道的。通过舱门口的空气供给皮管和断裂的绳子，以及一块横在紧闭舱门上的铁件（也不知这是哪里滚下来的），他很快清楚了为什么收不到我的求救信号了。他费了好大的力气才把铁件挪开，还有那些妨碍通行的木料，为了把舱门打开，他又在舱门的缝隙插了一根铁棒狠狠地撬。经过水的放大，这些噪声放大了几百倍，对于生命即将耗尽的我，这根本就是雷鸣。

我被尼尔生拖出舱外，然后被系在绞盘机上旋下来的绳子上。在他发出了一个信号之后，我被慢慢拖上去。好像是怕有人夺取似的，我僵硬的手指紧紧抓着那位母亲的财产行囊不放。我的行为根本就是受到了下意识的支配，必须竭尽全力把这份财产安全地送到两个孤儿手中，在模模糊糊的脑袋中，这成了最后的思想。我就像是一个毫无知觉的袋子，仰卧在水中。

老柯克非常细心，向上提取的速度十分缓慢。这和向下潜的时候速度缓慢是一样的，主要是身体和不断增加的水压相适应。在向上升起的过程中也不可太快了，这是因为处在水底的人，他的身体器官和水下的压力已经适应了。很多潜入深海的人正是因为没有重视这件事情，所以发生了灾难。身体的各个器官先是感到麻痹，随后是血管和心脏进入空气，最后发生死亡事故。

最终，我被拉出了水面，伙伴们把我弄到了船上平放到甲板上，打开头盔，就这样晒着温暖的日光，疲惫感很快就不见了，就像它来的时候一样。暖风轻轻拂过，我的肺部再次呼吸到了清新的空气，我又活过来了。船身的周围不时有海鸥飞过。我的身边蹲着奥尔·柯克，在远处是那个戴独眼镜的葡萄牙人，他依然戴着那个大礼帽，他好像也认识到潜水其实充满了危险性。

奥尔·柯克吸了一大口烟草，老练地向绞盘机吐着烟圈说："兄弟，到底发生了什么事情？我们所有人都以为是鲨鱼已经把约翰·杜兰德当做点心吃了呢！"

一边的葡萄牙特使犹豫地问："那文件不知带上来没有？"

我摇了摇头，简要地说了一下我在水底的遭遇。我只是找到了船上的钱箱，以及那位母亲的遗产，唯独没有发现那个该死的文件。因此，老头领柯克马上写了纸条给尼尔生，叫他把葡萄牙的文件找上来，他通过一块石板把纸条送到水底。

沉船中正在搜寻的尼尔生接到了命令，用救生绳的抖动传上来一个信号。

穿着潜水衣的我继续在甲板上享受着阳光，我总算有感受到了吸烟的滋味。

柯克又说话了："这份工作真是不轻松，兄弟。不过大部分的任务你已经完成了。假如不是紧闭不开的可恶舱门，我们此刻早就把文件拿到手了。不过还好有那块铁栓的帮助，不然你早已和泥烟斗一起奔向天国找天使去了，这一切好像着了鬼一般。果真如此的话，我还如何买很多的甜酒为你庆祝胜利呀！"

一边的老柯克高兴地唠叨着，为了给水下的尼尔生提供呼吸用气，打气的工作仍在继续。伴随着打气唧筒单无味的噪声，我的疲倦感忽然袭来。

大约一刻钟之后，一阵慌乱的脚步声和急促的说话声把我从睡梦中惊醒了。是柯克的声音，"真的是活见鬼了！今天这是怎么了？这个尼尔生是怎么了，竟敢在水下停留如此长的时间，叫我如此担心。我已经连拉了三次救生绳，他依然是没有信号送上来。我仍旧拉，可是信号始终没有。伙计们！在沉船上的尼尔生怕是遇到了不测，两个最好的潜水员居然都受到了魔鬼的戏弄，真令人无法想象呀！眼看着兄弟深处险境，我绝不可以坐视不理，我这把老骨头还要再次对潜水的滋味进行一番品尝。伙计们，抖擞精神，赶快把最后的那件潜水衣拿来，我要下水，不然就要迟了！"

我赶紧跳了起来，阻止柯克，并说道："千万不要冲动。你这台老机器的轮子等不到一半深度就会废掉了。身为海员，我深深懂得以德报怨是我们的本分，就凭尼尔生不顾危险地下去救我的情分，现在，假如真要有人下去救他，我也是不二人选，无法推辞的。还是我来吧，把我的头盔赶快拿过来。"

我的话得到了大多数人的赞成，他们也都说：老柯克已经不顶事了，下去只能是白白牺牲，假如杜兰德感到自己体力恢复得差不多了，就让他下去再试一次吧。

我的头盔被拿来戴好，我再次振奋精神。两分钟后，我又潜入了水里，这次下降的速度更加缓慢。没出任何的差错，我到达了海底，登上沉船，通过舱口的楼梯，我又来到了舱里。我看到了在客舱甬道里横躺的尼尔斯·尼尔生。他在我的多次推动下没有任何反应。我不清楚他到底是死亡还是昏迷，我用尽全身的力气，把他拖上甲板，同半小时之前吊我上水面一样，我要把他也吊上水面，尼尔生欠缺的只是水面上新鲜的空气而已。有一个想法在我的脑海中总也挥之不去，难道说原本是下水来救我的尼尔斯尼尔生，此刻却命丧在水下了吗？我的内心空荡荡的，水下的任务早已被抛向九霄云外了，唯一存在的就是那满心的愧疚与不安。突然，我警觉到了自己水下时间的宝贵，赶紧奔向舱里。我想好了，不管那个里斯本绅士的文件找没找到，我就呆十分钟，到时间就上去。但是我最终还是找到了在客厅里的卡勃雷拉先生。通过他胸前的勋章以及之前看到的照片，我认出了他。他正躺在安乐椅上，四周全是东倒西歪极其散乱的各种器物，可见事发时人们都在睡梦之中，大家都有些不知所措。那个装有文件的厚厚的密封皮包被我在他的衣服里找到了，在当时，我其实也不过是猜测文件就在其中罢了。

我不敢再多留一分钟，耳朵里又在嗡嗡作响了。爬上甲板后，我拿起一个沉重的铁件，撬起了舱门边那个救过我命的铁栓。我要留它纪念一番，随后我把上升的信号发给了水面上的朋友。

水中的我逐渐升高，最后水面上的阳光总算又照射到了我的头盔。

登上潜水船后，我马上脱掉了潜水衣。可是阳光下在潮湿甲板上躺着的我的好兄弟尼尔斯·尼尔生，已经离我而去了。他的周围站满了船上的伙伴，大家都已经尽了最大努力，他还是没有醒过来。

这样的事情是谁也没有办法的！海员从来都是和死神相伴的，假如自己的同伴被死神带走，我们唯一能够做的也只有脱帽祈祷。这样的同伴我们永远都不会忘记，他总会在我们大口喝酒大口吸烟的时候，出现在我们回想充满风波海面的脑海中。

残酷的大海总会把来不及上岸的我们统统带走。朋友的离开令我们感到悲伤。我们当时所有人都得到了丰厚的报酬。我花了很大一笔钱立了一个华丽的墓碑，以此表达我对尼尔斯·尼尔生的纪念之情。人们可以在很远的地方就可以看到那白色墓碑反射的夺目的光芒，它就矗立在芬查尔的墓地上，四周高大的柏树在汹涌波涛拍岸声的震撼下，发出沙沙的声响。我的好朋友尼尔斯·尼尔生就被葬在这里。葡萄牙颁发的奖金一大半被我送给了那两个孤儿，如今他们都已经长大成人了。每到伊萨贝尔号沉船的周年纪念日，他们都会到尼尔生的坟墓上去敬献鲜花。我当然在他们的心里也是不会被忘记的。我现在居住在德国沿海的一个小镇上，这是一个阴凉多雾的地方，我经常在浓烈的夏季甜酒最浓的时候收到大箱大箱由他们寄来的礼物。那是满箱的甜酒，这是一味良药，它可以使老杜兰德内心中的伤痕感到温暖。在我的小桌子旁边，我总是放两把安乐椅，倒满两杯酒，我总是想象着老尼尔生也坐在我的对面，正和我说着话喝着酒！

以上是杜兰德讲的潜水故事，乌拉·波拉讲完后，缓缓叹了口气，最后说：我的父亲在杜兰德讲完自己的故事后和他喝了一杯酒，之后又谈起了他们年轻时候的事情。那个铁栓从此就留在了我们家里。听完故事，你们应当明白乌拉·波拉为什么要在古董柜里放一个生锈的铁栓了吧！

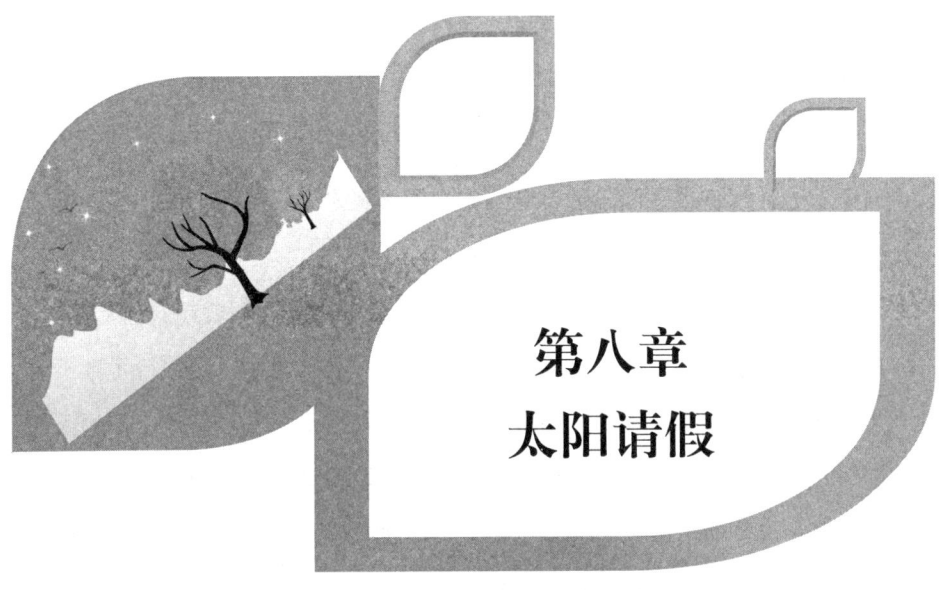

第八章
太阳请假

某天晚上,乌拉·波拉对我们说了这样一个故事:

人们在很久以前的某个时候,忽然悲观地对任何东西都产生了不满的情绪,包括对自己、上帝,以及整个世界。他们这样说:"噢,生活中有太多的工作要做,而娱乐的时间极少,这太累人了。我们要颠覆这不合理的一切,总而言之,言而总之,好好休息是我们唯一的目的!"

就这样,所有的事情都被他们放在了一边,他们联合罢工了!裁缝扔下针线;皮匠把蜡线扔到了一边,皮鞋没人管了;矿下空无一人;门店的店门紧闭;渔夫停止了捕鱼。一切机轮都不再转动,烟囱里没有了青烟。屋子只被建造了一半,只剩下高耸入云的脚手架子。没有管教的牛羊成了最高兴的,它们欢快地四处乱跑,大嚷大叫。

　　齐聚在茶馆里的阿猫阿狗、张三李四等村里的农民也一同商量着:"既然城里的工人都不再工作了,我们也不再种田了,对于罢工,我们也会!"从此再没有人去理会锄头、犁耙、水车、镰刀等农具。城里人说:"你们随意吧,反正有满满的谷米存放在我们的米仓里,马铃薯更是堆满了我们的地窖。你们的农产品我们暂时可以不需要!"

　　天空中的太阳奇怪地注视着下面发生的一切。

　　月亮也奇怪地说:"喔,人们都着魔了不成?围着地球,我绕行了数不清的万年,疯狂的事情见过不少,但是如此荒唐的却是头一次。只有工作的人们才能够很好地团结在一起,可是他们此刻居然都懒得动一下手指,人类的不幸就要降临了,等待他们的只有灭亡。噢,工作在我看来是无上光荣的,我要继续为黑夜照亮,在天空放牧金黄色'星星的羊群'。"

　　但太阳看到整天坐在茶馆里喝酒打牌的阿猫阿狗、张三李四们都不去田里耕种,觉得心情沮丧。"假如这样,我也可以不再照耀大地了。"太阳伤感地说,"失去了等待我照耀生长的种子,以及等待我照耀进行的工作,我的照耀就是毫无意义的事情。你们这帮只知道逍遥快乐的懒惰虫们是不值得我去照耀的。你们要考虑清楚,再不做工,我也要请假了!"

　　所有的人都在抱怨,说道:"太阳先生,不用你管,我们都想得很清楚了,你想怎么样就怎么样吧!"

　　太阳的脸色被气得通红,就在那天晚上下去后,第二天也没有升起来。太阳请假了!

　　好些人都哭丧着脸说:"太阳还真的请假了,如果这样,冷天就要来了。"还有的人说:"这样白天就和黑夜一样黑暗了。"另一部分人反驳说:"夜里有月亮照耀我们,那还是有光亮的。"

　　没想到,到了夜晚,天空仍旧是一团漆黑。难道月亮也请假了?对于月亮的请假原因，没有人知道是为什么，他们就一起去问最具名气、最有学问的天文学家。

天文学家告诉他们："嗯，这个问题吗，月亮是没有办法照亮了。月亮自己是不发光的，它只是接受太阳光的照射，然后再把光亮反射到地球。现在太阳请假了，月亮当然也不可能再发光了。"

人们都非常气愤地说道："既然如此，我们也不再需要它的照耀了。街道可以用电灯来照耀，房屋的取暖我们还有电炉子。"

人们用煤来把高炉烧开，巨大的蒸汽机就会被带动，电流就被制造出来了，这样整个小镇上的所有人家都被千万盏明灯照亮了。他们又利用煤制造出了煤气。放在大屯中的煤被加热就会产生煤气，他们把产生的煤气通过管道输送至千家万户。人可以利用煤气取暖和做饭烧菜。于是，他们开始讽刺太阳。

可是，没多久，人们就用完了所有的存煤，没有人愿意开采，没有办法再把锅炉里的水烧开，这样就无法再开动蒸汽机了。在煤气被用完之后，也没法再取暖、烧菜和做饭了。人们开始感到焦虑。

这时有人提议："不必担心，我们没有太阳，也没有了开动蒸汽机的煤，但是我们还有水。世界上有很多从高处流下来的瀑布，在那里我们可以安装上水磨和发电机，利用水流的力量来推动轮子，带动发电机。我们的照明和取暖做饭，完全可以依赖电力！"

可是人们到了瀑布那里，并没有找到一滴水流，并非是水都结冰了，而是那里根本就没有水流。人们赶快去问最有名气、最有学问的气象学家："请回答我们，为什么瀑布那里没有水？"

聪明的气象学家告诉他们："嗯，很容易解释！太阳的照射把山顶的积雪融化变成水，从而形成了从高处流下来的瀑布。如今太阳请假了，山顶的冰雪就不再融化，没有了水流，瀑布当然就不存在了。当然，有部分瀑布是被山顶囤积的雨水流向山谷的，可是没有太阳照射，河里的水就无法蒸发，天空中就没有下雨的云层，雨水没有了，瀑布自然就消失了。原本依靠太阳才能完成雨、露、霜、雪间的变化，现在伴随着太阳的罢工，所有转换就自然消失了。"

人们不服地说："太可恶了，太阳为什么要摆布我们的一切？想想，我们下边应当做些什么？风还可以被我们利用。我们的风车可以被风带动，发电机同样可以用风车来带动的。继续努力，让我们共同建造一个超大的风车。"

铁匠和木匠都很生气，他们说："哎呀，忙碌的生活又要开始了。"

也有人安慰说："这份工作不是长期的，只要建造好风车，我们还可继续快乐清闲地生活。"

没有了太阳的照射，天气越来越寒冷，人们抵抗着严寒，夜以继日地对巨大的风帆和机架进行建造。风车总算建造成功了。等有了风，轮子和发电机就可以被旋转的巨大风车带动，这样，为取暖和照明所用的电力就可以被制造出来了。但是居然没有一丝风，不仅最小的树叶静止不动，甚至空气中的尘埃都无法飘动。

所有的人又找到气象学家问道："请回答我们，风在什么时候会再来？"

气象学家一边整理着自己的眼镜，一边叹着气说："风暴根本就是被太阳制造的，太阳没有了，风当然就没有了。风的形成过程是这样的：地球各地的空气受太阳的照射是有区别的，有的时间长，有的时间短，因此各地的气温是不一样的，有的地方寒冷，有的地方温暖。空气在温暖的地方就会上升，紧挨着地面寒冷地方的空气就会过来补充，空气的流动就产生了风。空气流动的速度高，就会形成风暴，空气流动的速度低，就是只会使树枝摇曳的微风。可是，此刻没有太阳温暖空气，就不会产生空气的流动，这巨大的风车就没有了用处。"

风车没有风就无法转动一丝一毫，因此，人们一天到晚都紧皱眉头，生气打架是经常的事情，可这并不能解决任何的问题。有人提议："一定要下矿去挖煤出来！"别人都在休息，矿工那肯独自去挖煤呀！人们都嚷嚷："我们不想被冻死！"到处都是人们的吵闹声，有的人打得头破血流。所有的森林都被砍伐，用来取暖、烧饭等。在寒冷的室外工作的人们，有的竟然被活活冻死。

天气越来越冷，所有的地方就像是北极。海水竟然冻结了一百多米厚。远方的粮食和生活用品等都不能通过轮船及时地运过来，渔夫也没有办法撒网捕鱼。寒冷的天气冻死了森林中所有的动物，还有天空中飞翔的鸟类，把鸟儿的血液都冻成了冰块。冻结的地面犹如钢铁一样硬，根本无法用犁来耕地。整个世界都被可怕的黑暗笼罩着，冰冷的天空里发光的只有遥远的星星，但是地球根本无法享受到这凄惨星光的照射。

处境越来越悲惨的人们，终于无法忍受了，他们大喊着，要恢复工作！他们要太阳回到天空，他们要享受一切美好的东西，包括：温暖和光明、白云和清风、葱郁的森林、迎风逐浪的稻田、百花的芬芳、鸟儿的歌唱……给我们带来幸福、舒适。事事如意的太阳，你赶快回来吧！

人们的齐声高喊使得整个地球都被震动了："我们要工作，我们要太阳的照耀！"

这喊声惊动了太阳，它看到了地球上苏醒的人群，它再次升起在地平线上，用它那张开的笑脸照射出万丈光芒，用它那温暖的怀抱再次将世界拥抱。屋子里跑出来的所有男女老少都站在了耀眼的阳光下，好让他们冰冷的四肢接受阳光的温暖。他们灰白的脸孔随即被一种新的生命色彩所取代。人们以往大多不曾注意到的奇迹，如今被太阳的光芒无数次地重新演绎。

泉水再次被溶化，流向潺潺的小溪；江河湖泊再次被融化，波浪再次溅起，渔夫和水手们也恢复了往日的工作。大气再次被温暖的阳光照射，冷暖气流交替产生了风，它把风车吹动了。高山的积雪又被融化了，瀑布又出现在人们面前。

恢复工作的渔夫和水手

风车和水车的主人再次乐呵呵地叼起了烟斗,笑容满面地磨起了面粉。被阳光解冻的田野里,阿猫阿狗、张三李四再次犁着沃土。树林又焕发出新绿,洞穴中飞出了残存的小鸟,它们都唱着快乐的歌谣。满脸含笑的月亮,依然躲在云层的背后。

西沉的太阳犹如疼爱自己孩子的慈父一样,圆圆的脸上挂满了笑容。

第九章
风暴四弟兄

这次风暴真的来势凶猛!一个由所有音乐家组成的大型乐队被大风集合在一起,它们带着悲惨的叫声和咆哮声,夹杂着"呜呜呜"和"啪啪啪"的节奏,一路横冲直撞地穿越村镇,穿越山林。电线被它们当成了筌篌;烟囱被它们当成了前进的号角;门窗被它们"呼"地吹开,再"砰"地关拢;理发店前的铜盆①被它们吹得犹如铃铛一般地响着;门缝和锁孔被它们穿过,发出一阵阵惨叫和咆哮;树顶的叶子如剪发一般被它们吹去大半,之后,它们又怒吼向三角墙和折裂的风鸡①。大张的纸片被它们无情地戏弄着,一会儿被赶在地上跑,

---

① 德国的理发店为了标示自己,都在店门前挂一面铜盆。

一会儿被吹在天空中打旋。胖墩法官的帽子被它们抛出一里多地，停在地上，它们非要等到气呼呼的法官追赶过去正要弯腰拾起的时候，又咆哮着把其吹走，最终更是赌气地吹落水中。朱丽娅姑妈手里的雨伞被它们愣愣地吹得把朝天，看样子好像就连老太太都不放过。玻璃窗外的花盆被它们吹落，正好砸在书记官的头上，于是，书记官马上停止了对朱丽娅姑妈的嘲笑。

狂风的肆虐行为最终被大雨取代了。整个街道被这一前一后的两位打扫得空无一物。玻璃窗内一个个紧紧贴着小鼻子向外张望的小朋友们，看来是注定要被闷在屋子里了，大雨布满了灰色的天空，没有任何放晴的机会，小朋友们都觉得很无聊。

他们好不容易熬到了晚上，一个个披上了外套，围好了围巾，冒着风雨溜出了屋子，直奔乌拉·波拉的怪异老屋。要听故事还是这样的天气最合适不过了，特别是那里面，诱人的甜茶总叫人恋恋不舍！

在比自己还古老的安乐椅里，乌拉·波拉穿了睡衣蜷缩在那里，踩着毡呢拖鞋，嘴里叼着的长烟斗犹如轮船的烟囱，不时地有红光发出来。老乌拉的痛风病就总是在这样天气里发作，他的一堆老骨头就像是在被什么东西咬着啃着，非常痛苦。

他略带忧郁地说起了至于风暴的故事：

孩子们，在这极其恶劣的天气，屋顶的瓦片和花盆经常会被大风卷下来砸伤人。我们真的是挺幸运的，可以坐在屋子里东拉西扯。就恶劣天气来说，与远方世界相比，我们在这里经历的大不相同。这么一点小风，我们就东躲西藏的，如果被老练的水手和时常出门的人看到，他们会笑掉大牙的，见多识广的他们会笑我们对于真正的风暴，根本没有一点起码的认识。孩子们，你们要谨记一点，我们居住在陆地上就好像鱼儿居住在海底。只不过我们居住的是空气的海洋，头顶和周围全都是空气包围着我们，而鱼儿居住的是水的海洋。鱼儿离开水会窒息

---

①风向标，像公鸡形状。

而死，而人离开空气也会被闷死。海水里有激烈的水流，空气里同样有激烈的气流。

我们把力量大的气流称做是风暴，把力量小的气流称做是风。热带地方的空气被太阳加热后体积膨胀，质量变轻上升到高空，上升后的空缺就会被周围的冷空气过来填补，风或者风暴最终形成。风暴掠过地面的速度，和我们坐过的特快列车速度相比，还要快上好几倍，人类的所有创造物都会被暴风摧毁掉，正因为如此，它被我们称为破坏之王。风就是我们今天要谈论的主题。请大家向前集中一下，听我给你们讲讲"风暴四弟兄"的故事——

在这一整年的时间里，风暴四弟兄大都不会碰面，可是它们的家庭会议，总会在那么固定的一天如期举行。平时它们都会自东向西地在世界各地疯跑，对人类进行侵扰。在它们开会的时间，就连树上最小的叶子都是静止不动的，空气非常平静。这风平浪静会使穿越大西洋到印度洋群岛去的海船水手们特别高兴，在这期间，他们每天都在嘴里叼着烟斗，显出一副休闲的样子。一个高度距离海面六千米左右直入云霄的山脉——波斯①的得马温得山，那里就是风暴弟兄们聚会的地方。有一个特别大的洞窟隐藏在这个深深的山脉中，犹如高塔四周飞翔小鸟，白云就围绕在洞窟的四周。

大清早，这里就迎来了第一位客人，它是路途较近的沙暴，又被称做是热风。它是从非洲的撒哈拉沙漠途径地中海飞来这里的。热风把老家如火般的热空气流以及无数的黄沙带到了这里，在热风下面，戴着羊皮帽的波斯人络绎不绝，因为热风的到来，他们感到了阵阵温暖，当然还少不了沙粒被嚼在嘴里"咯吱咯吱"的响声。热风神不知鬼不觉地溜进了得马温得山的洞窟里。热风说的是阿拉伯语："安拉！我真的有些忍受不了这里的寒冷。还是老样子，我仍然是第一个到的。等他们都到齐了，严重的伤风病又会招惹上我。这个洞窟如此的阴暗，怎比得上我家乡那里的太阳酷热，沙地更是优美，以至于豺狼和狮子

---

① 就是现在的伊朗。

都要在阳光下暴晒，巨蛇都把蛋孵在沙窝里。"

热风用自己翅膀似的外套裹住自己，蜷缩在洞窟的角落里，无精打采地静思苦想着。

直到上午，飓风第二个赶到了，伴随它的是吓人的冰雹。它到来前，在头顶发出的声音好似群魔出洞般怒吼连连。云层都像海燕似的为它让路，下落的雨点就像是在擂鼓助威，百尊大炮齐鸣般的霹雳不停地在山中回响，射向地面的闪电发出弯弯曲曲的耀眼光痕。

飓风把翅膀上的雨水和冰雹轻轻一抖，散落了一地，这些就如同淋浴，它大笑一声，闪进了洞窟。它说话粗鲁："唉，这尘土太令人厌恶了。老天爷呀，喉咙都被烘干了！"

热风蜷缩在角落里的样子被飓风看到了。它凑过去一边哈哈大笑，一边称呼："老弟！老沙包，你怎么窝在这里呀！难怪这里到处都是沙土，是你个兔崽子呀！你好呀，太阳的儿子，我们老长时间都没见面了！"

热风有些生气："安拉，离我远些。发生了什么事情？外面令人害怕的大雨、闪电、响声剧烈的情形！离我远些，一股鱼腥气裹满了你的全身！下次聚会改换到我家里吧，你也好对干燥的环境有个体验的机会。对这里的潮湿，我简直无法忍受。"

一阵逐渐加剧的噪声打断了两兄弟的吵闹，这时，第三个兄弟赶到了。它来前，空中的声音阵阵咆哮，犹如排山倒海，穿梭在地面的人群吓得都来不及躲避到屋里去。硫磺色出现在东方的天空，一个巨大的黑色墙壁阻挡在西面的天空。冲至地面的气柱就是在墙壁上下来的。这气柱马上不停地旋转起来，把它遇到的所有东西都吸了进来，再把所有的东西都抛向了空中，这里面有瓦片、沙土、水潭、野草……所有对它进行反抗的东西都被它"轰"的一声折断了，它折断一根树木如同折断一根火柴。只要是它到过的地方，肯定要遭受它的破坏，它就是旋风。临近洞窟，它"蹭"地闪进去，像是一颗炮弹。

热风被它凶猛的来势卷出了角落,随后飞上了洞窟的顶端。飓风被它吹得像一个打转的陀螺,最后摔倒在了角落。

飓风张口就骂:"兔崽子,你的样子和美国的大力士这样一拼,你个混蛋,还不停下来!"

对于哥哥的粗鲁行为,热风也是火冒三丈,咆哮起来犹如豺狼一样,一大堆骂声也蹦出了嘴。

"亲爱的兄弟们,很高兴今天能见到你们!"旋风对于两个弟弟的咒骂毫不在意,像熊一样哈哈大笑后,大声说道。它是从加利福尼亚赶过来的,纯正的美国人。它不理会两个弟弟的叫骂,它拿出一根短烟斗吸起烟来,之后又无趣地用橡树干削起了牙签,这橡树干是在不经意间插入它翅膀里的。

波斯这个地方在下午还是和往常一样非常温暖,但是这会儿忽然变得凉快了很多,有些不同寻常。太阳下去了,天气的寒冷程度逐渐增加。由数不清的冰晶制造出的卷云飘满了天空的高处,它们就像是小片的羽毛。雪花在不久后就飘落下来,开始很小,之后逐渐变大。几乎能够把人血管里的血液都冻僵的冷风,尾随着大雪而来。雪在冷风过后更加剧烈,视力所及仅有两码。[①]这是大老远赶来开会的雪暴来到了。

四兄弟的老大就是雪暴。一条条的冰柱挂满了花白的胡须和头发,洁白的雪花覆盖了它的翅膀,脚上凝结了大块的冰。它的气息令所有生物冻得知觉渐渐消失。静静溜进洞窟后,它呼呼喘着气。它一边拍打着自己身上的雪花,一边欢喜地大嚷:"噢,在得马温得山的洞窟里,我们四兄弟总算又汇聚在了一起!"

一股冰冷的空气充满了整个洞窟,为了对老大哥的冷气实施躲避,热风蜷缩进了洞窟的缝隙里,它一脸哭相地说:"我都要被你的冷气冻死了!你可是

---

① 长度单位,一码折合三英尺,或者 0.9144 米。

个货真价实的祸殃根源！"飓风原本不停向下淋着的雨水，这会儿都结成冰了，它对这头北极熊也充满了抱怨。

雪暴说话了："兄弟们，我们对于彼此的习性应当相互给予谅解，寒冷和冰雪是我的特长，暴力的破坏一切是旋风的特点，阵雨和雷电是飓风的特点，沙粒和炎热是热风的特点。毕竟我们每年才聚会一次，不要总是吵架好吗？别人对我们都非常讨厌，但是毕竟我们都有自己独特的工作，分住在不同的地区。让我们多一些理解，停止斗嘴好吗？更重要的事情还在等待我们去办。作为大哥，我们都要在元旦这一天，把我们已经完成和尚未完成的工作和气象之神作一个报告，这你们是知道的。我们的名誉不是很好。对于我们在世界各地的鲁莽行为酿成的灾祸，人们都向圣彼得提出了控诉。花神芙罗拉和兽神福那也对我们非常痛恨，海王尼普顿更是对我们愤怒之极。对来自它们的指责我早有准备，我们必须想尽一切办法进行辩解。接下来，为了辩护需要，请把你们之前的情形详细地和我沟通一下，捎带汇报一下自己所犯的错误！"

飓风生气地说："对于我们，人类永远不会满足。树木不结果、稻子不生长、风车转不动、帆船行驶得缓慢，他们都会抱怨你懒惰了、力气小了。假如你吹得守规守距的，也有很多不是。总之，天气由他们自己定才好呢！"

旋风接着说："对极了！尤其是那位多愁善感的芙罗拉小姐，她都会为了一株被拔起的小树痛哭半天。人类真的是好歹不分！"

雪暴有些不赞同地说："混孩子，不要只是责怪别人。你们都很像小时候的我，我是非常了解你们的。不要耽搁时间，净说些抱怨别人的话。赶快报告你们的顽皮行径吧！"

得马温得山的洞窟里，四个兄弟围坐在中间，首先进行讲述的是老四热风。

那天，我并不是有意犯错，而是意外出了岔子，人们就对我抱怨不断。在卡瓦尔绿洲的莫谷顿山上，我躺着不知不觉睡着了。广阔的撒哈拉沙漠就伸展在山下。天空中的太阳一点情面也不讲。草儿都被灼热的石子烤焦了。在我的旁边，一株几乎枯萎的老树荫凉下，休息着一只从沙漠中逃出来的老虎，蛇和大嘴巴的鳄鱼，也蔫蔫地躺在一边。蓝色的水池一动不动地呆在绿洲中口吐着蒸气。沉寂的气息充满了整个沙漠。

等我醒来已经是太阳下山的时候了。可是我旁边的狮子、池子里的鳄鱼、沙地上的蛇都还在甜甜的睡梦中。空气里有一股阴沉沉的味道。当时灼热的沙地里忽然有一连串黑色的斑点在慢慢移动着。我非常好奇，不知道那到底是什么东西。可是，我工作的时间到了。所有的东西都在连续几周的酷热和干旱下，显得焦躁异常。因此，我认为有必要用我的大翅膀掀起一些风浪在空气里，这样海面上的潮湿空气可以被带过来一些，没准可以造就一场大雨也说不定。所以，我就在傍晚的时候挥动起了自己的翅膀，飞向了那一连串的黑色斑点。

空气中充满了炎热的沙粒，这些都是被我的翅膀带动起来的。太阳变成了棕红色，天空变成了深黄色。动物们全都躲进了洞里。等我靠近那斑点，才看清他们是赶着十匹骆驼运货的商人。一边是护卫的马队，还有几个阿拉伯人，他们披着白色的斗篷。见我带着橙黄色的尘沙向他们飞奔而来，他们老早就卧倒在了沙地上。漫天的风沙布满了一望无际地平线。骆驼把两腿护到膝边，卧成了一团。其他的人就在骆驼的中间。我没有时间搭理他们，在他们的头顶上空呼啸而过，直奔向海面，足足有三个小时。没成想那帮商人会被我火一样的气息烘烤的全身滚烫，并且被他们身边的细沙掩埋在了下面，早知如此，我可以改道走的嘛！

我呼啸着掠过的黎波里的山巅、突尼斯、长绿的沙洲比斯克拉，以及君士坦丁堡一排排白色的房子。太阳被我铺满尘沙的外套染成了铁锈般的色彩。空中夹杂着无数的沙粒，把沙漠之子热风到来的消息不停地告诉给人们，接到消息的人们都急忙向房子和茅舍中躲去。

我到达地中海已经是日落时分。我累坏了,翅膀的缝隙中散落下无数的尘沙。这里是我权力和领土的分界线。在轻叹一声后,我又转身回来了。天空中的月亮已经升起来了,我再次来到了漫无边际的沙漠地带。在我刚刚遇到商队的地点,我只看到了一个飘动的沙丘,月光下偶然泛着青光的人脸,以及一条负重骆驼的腿暴露在沙丘的外面。

热风讲述完毕,静静地站在一旁。

雪暴捻着自己冰冻的胡须点评说:"你个小土匪,极少听说你做过好事,都是些乱子。太多的人畜被你火热的气息烤死或者掩埋在沙漠里,最后只剩下了一堆白骨。真希望你会被气象之神恨恨地打一顿。"热风听到这样的训斥很不高兴,躲到一边的岩石缝隙里去了,它的嘴里不时地用阿拉伯方言嘟嘟囔囔地说些骂街的话。下面该飓风发言了——

一年四季我都非常忙碌。我没有热风弟弟那样悠闲的生活,以至于把自己都养得懒惰了。沙漠里没有什么人居住,甚至可以休息一个月。我的世界到处都是海洋和船坞、大都市、无边的原野、大片的树林,我的手头总是有忙不完的工作。我的风吹得大了,雨水就大,稻田受到损害,种田的人们就会聚到教堂去进行祷告。我吹得小了,雨水就小,酿成灾荒也不对。不过水手是最令人厌恶的。他们住的小船就像是螺蛳壳那样的小,航行在海里,你只需轻轻一带就可以把它们掀翻,酿成大祸!

我在今年的春季遇到了一件意想不到的事情。我当时住在雷孙其宝大山,原想在那个地方休息几天。我突然一天收到了很多充满责备的信件,说总不见风和雨的去处,当时,我正和山神陆背查尔玩扑克。欧洲当时正是百花齐放的季节,像苹果、樱桃、梨子等水果在那段时间都需要有风帮助它们传播花粉,不然无法结到好果子。好多的龟裂发生在田野和花园里。

我赶快告别,山神鲁背查尔好不容易拿到一副好牌,一听说我要走了,它张嘴就骂起街来。我也没有办法,丢下扑克牌就赶快动身走了,我越过山峰奔向山村去了。

我开始只是以每小时八十千米的速度闲逛,但是,忽然发现自己居然还没有一列火车跑得快,就用力挥动翅膀增加了速度,没多长时间,我跑到火车前面很远的地方了。太阳在我途经德国的时候,又把日历翻过了一页,天气更加炎热了。脸色憔悴的花儿犹如生了场重病,干枯的小树面挂着犹豫的表情。为了保护干裂的地面免受太阳热箭伤害,江河湖岸上面蒸发上来的水蒸气被我凝聚在空中冷却成了一张白蓝相间的奇妙云幔。这些潮湿气体最后又被我渐渐凝结成了小水滴,落向了干涸的地面。

生活在下面村里的农民把嘴里的烟斗拔了出来,煞有其事地点头说:"这微雨来得还算及时!"可是,被我淋坏新草帽和绣着花裙子的几个美丽姑娘,对我充满了憎恨。一群小学生站在梅尔学校的校舍里,抬头望着天空高喊着:"晴了半年的天气,今天就要有一场瓢泼大雨了!"

"不太顶事,雨水太小了!"嘴里叼了烟斗,一直抬头望着天空的农民,嘴里向外喷着唾沫星子说。

我对人类的贪婪无法满足感到生气。于是,所有的雨水都被我放开了,好让它们尽情地挥洒。一场大的雷雨在我电闪雷鸣下掀了起来。城市里的居民东躲西藏,见了我就像是看到了魔鬼一样。席勒广场中央的华尔兹舞群里挤满了四面八方来的宾客,包括有县长夫人的窗帘,朱丽娅姑妈的一头假发,梅尔先生的崭新帽子,还有一群发疯一样的洋纸伞。被气得脸色铁青的酒店老板挺着自己酒桶似的肚子,大叫:"主呀!羊肉都站满了灰尘,啤酒都发酸了,今晚肯定不会有人再来这里烤羊肉喝啤酒了。太倒霉了!""下吧,来得再猛烈些,我们的收入会更好的!"这是修补雨伞的人和马车夫高兴的话语。

怎么才能让所有人知足呢?

我一路走来,穿越了大陆,在奥得河、易北河、威赛尔河、莱茵河的上空飞过,我一路上灌溉了稻田种子,冲洗了森林树木,驱赶了城市的酷热空

城市里的人们东躲西藏,见我就像是看到魔鬼一样。

气，但是对河面上的情形缺少了关心。可我毕竟只有一双眼睛呀！那么多的方面不可能——照顾周到！既要照料果园里的梨树，又要照顾到朱丽娅姑妈的假发，这自瑞典开往英国的北极星号货轮接近礁石的事情当然就无暇顾及！在太阳下山的时候，我带着雷电赶向了那里，我的视线仅能看到一千米以内的东西，地空中满是灰蓝色的云片。乘客们躲在这艘船里都被吓坏了。云层上的滚滚雷声似乎是上帝在怒吼，天和地好像都要被我的电光点燃了。被我不住鞭答的灰绿色水波挥起了浪花四溅的巨浪，它要和我一争高下。我用比人类舰船还要快上一倍的速度掠过辽阔的水面。汹涌的大海被高唱凯歌的我折腾得地动山摇。等到北极星号那红绿的灯光映入我的眼帘，一切都已来不及了。它正以最大的马力朝我冲过来。好似羊毛一般的棕黑色的浓烟被它那粗大的烟筒吐了出来。它的尾巴不时地被巨浪高跷至水面上，在空中，那耀眼的推进器螺旋桨叶发出咯咯的响声，看样子，就要粉身碎骨的样子，好似石板上掉下来的八音钟。好想尽我最大的努力去帮助他们，但是来不及了，我只能向船里的人们致以最大的敬意，他们沉着勇敢，使出了各种挽救的办法。就这样，北极星号货轮在英国近海岸的一个地方，被巨浪推到了礁石之上。我对这一船的人非常惋惜，可是实在没有办法帮助他们。货船因为触礁破裂，船舱进水，最后发生了侧翻。它把船上的乘客就像抛火柴一样扔了出去。多数的人都沉下了海底，爬上礁石，安全脱险的人，只是少数幸运的几个而已。

大哥雪暴听完飓风的叙述不住地摇头，它点评道：

"就在那一夜，你还吹翻了许多的渔船和帆船，最具破坏力的要属那袭击稻田和园子的冰雹，这令芙罗拉痛哭了一场。我明白，你敢于和干旱、炎热顽强的战斗，自认为是没有做错任何事情，但是你还是错了，你不可以不顾人类的安危，而一味任性地和我们的老牌敌人海王尼普顿斗个不休。"

飓风还为自己辩护着："当时整个的北海和大半个欧洲都在我的注视之下，

等发现他们，为时已晚。关键是我不可能瞬间就平复了我巨大的力量呀！这和人类不可能在一秒钟的时间里骤然停住一列全速行驶的火车是一回事。人类自己应当提起注意才好！"

旋风忽然哈哈大笑地站立起来，所有人都被它带动起来。笑声之中，它还跳起了货真价实的黑人舞。之后，它来到飓风的面前，挺胸凸肚地说："兄弟，见识真的太小了。你是不是要为在某个地方吹掉了两块窗户玻璃，或者吹沉了一艘老旧货船，就如同小毛丫头一样哭个不停呀。太不坚强了！身形巨大的大象忽然在一天把居住在路上的蚂蚁踩死了，这件事情根本一点也不稀奇！粗暴的待遇就来自你自己结交的具有粗暴脾气的朋友。我在美国的想法不同于你们。我要是耍起脾气，可是不管什么小人物，更不管什么人类的创造物！"

大哥非常责备旋风的说法："我们全体的名声都被你搞坏了，你就是个小土匪，必定要受到严厉的惩罚！"

"你这只可恶的北极熊，不要以为自己做得很好！你也不见得会受到在你那里居住的人的赞扬。"

热风发火了："都不要吵了。非洲的太阳太令我向往了！"

"老哥哥，听我的吧！人类是骄横无理的。这些自满的家伙，在海洋里航行时使用了非常光彩夺目的东西，建造出了房屋用来阻挡风和雨，把一个水锅弄得咝咝发响，然后顺着铁条跑上山顶。他们还把铜线做的丝网张到了世界各地，甚至大着胆子利用呼呼的螺旋桨和吹大的腊肠在云端里飞行。除了这些，铁块还被他们弄到了高空，还有人造的闪电和雷鸣。他们自称是大地的主宰，自认为已经征服了自然！他们如此的横行霸道我们岂能容忍，还值得我们处处照顾吗？原本就是我们的奴隶和敌人，此刻却要我们这些巨人把他们当做主人。你们高兴怎么样就请自便，但是我，誓死都要捍卫我的权利，不怕拼个死去活来。"

第九章 风暴四弟兄

"老哥,你和他们在美洲中部的那次激烈搏斗我们可是都听说了,成绩非凡呀!你的那次破坏可是被全世界的报刊,包括欧洲的报刊详细记载了。和我们详细地说一说你在那个时候的情况吧!"

"既然如此,飓风弟弟,仔细听好了,你的那些打碎几个花盆的行为,在听完我的叙述之后你会发现根本就不叫个事。你要明白,我的威力只是显示在吸这方面,我一点也不吹,这是我和你们不同的地方。不管是什么东西,只要它被我从天而降的犹如鼻子一样不停旋转的气柱沾到,就会被卷到高空,最终被甩出老远,摔得稀烂。我会把阻扰我的一切撕得稀烂。我毫不爱惜人类的创造物品,在我极小的权力范围内,我就是一个残暴的君主。我走的地方会很明显,好似用镰刀在稻田里割出的走道一样。

我的出发点是风景秀丽的科罗拉多的落基山脉。那是在 5 月一个炎热的天气里。在堆满积雪的山巅上,我缓缓而来,先是穿过岩谷,天空就像是一堵黑暗而低沉的墙一样矗立在我的身后。对我在每个分秒间都逐渐增大的攻击力量,高低不平的落基山竟然敢骄傲地进行阻挡。我当时冲向岩石的速度,大概是铁皮列车的四倍还要多。在我的愤怒之下,我把一棵年龄几百岁的古树撕成了碎片,要知道,它的树干和庙里的圆柱没有什么两样。我的对面是喘着粗气的小火车,它正从堪萨斯平原向山上跑,沿着逐渐增高的陡峭岩壁,"嗤嗤"的响声在它的巨大引擎里不停发出来。下面是一个敞口的深渊,那里有一棵被弄倒的大树,火车经过之前它就躺在那里了,急急的溪流经过此处发出高声的怒吼。我冲向了一个滚动的玩具,它对自己悲惨的结局似乎已经预料到了,发出了尖尖的惊叫。这尖叫声又被山壁弹射回来,似乎变成了几千个叫声。可是这雷鸣般的叫声马上被我吹过山谷空气的叫声淹没了。下面,我又抖擞精神地冲向了那滚动的像长蛇似的小火车。它的车窗被震碎了,我把几节车厢的车顶像纸片一样吹了下来,把它们摔到了下面的深渊里。一会儿,战败的火车躲进了一个山洞,停了下来。暴露在暗暗的岩洞外面的只是长蛇的尾巴——火车最后的几节车厢。我时间不多，还得继续赶路，再次扑向那几节车厢。我的力量巨大无比，每平方米所承受的压力大约是九百千克，速度达到了特别快车的五倍多。这个人类的小玩意，随说最后的两节车厢里装满了行李和邮包，但依然被我摇晃得咚咚直响。颠覆后的车子把连接的铁链扭断了，经过堤坡滚下了无底的深渊。我看到火柴盒似的两节车厢渐渐消失了。

我又把很多大的石块和高度犹如房屋的杉树抛向深渊。当时我已经越过山脉，到达平原了。我的周围都是蓝黑色阴沉的云层，白天都要变成黑夜了。在地面上，我黑色的气柱飞速地旋转，所有一切都被这大象鼻子般的气柱横扫着，吸甩着。德克萨斯的辽阔牧场就在我的面前。为了躲避我可以抓捕一切的手腕，水牛们成群地四处奔跑，草原上勇敢的骑马人加鞭奔驰。没有东西可以阻挡我的前行，我奋力旋转着，把阻挡我前进的小树，如同巨象拔草般地折断了。一棵近百年的古树被我旋到高空，并被像扫帚一样抛向那奔跑的牲口群。牧场中建造着一间木屋，四周有花园围绕。牧场的主人和仆人就住在木屋里。一棵杉树被我连根拔起如同标枪一样抛向了那屋子的墙壁。为了使我的威力得以显示，这个火柴盒似的屋子连同四周的花园都被我吸离了地面，再被我的气柱吸到空中，最后抛落在几百米外的一个小树林中。他们一定会被我的举动①弄得摸不着头脑。我灵敏地伸手只是为了给他们一个教训，并非想致木屋主人于死地。这些聪明的小东西一定对我的行为感到奇怪！

热风接口说："伟大的安拉！他的工作一定会得到天和地的赏识！和传教士一样，我们的美国兄弟很会说故事呀。相信先知者们都想不出来把整个屋子吸到空中！"

旋风骂道："给我闭嘴！你这个骨瘦如柴的木乃伊知道些什么？我这些可都是真话。老天作证……"

---

①以上所有的行为都是真实的旋风行为，所言不虚。

老大哥雪暴劝解说:"好了,大家安静些!他说的全是实话。他的那次破坏行为当时被详尽地刊登在了人类的各大报刊,甚至还被学识渊博的人编成了厚厚的一本册子。他的这种行为被人们称做是'加尔维斯敦旋风'"

不错,就是加尔维斯敦!那是我离开德克萨斯的森林和草原后居住的地方,这个大城市就处在沿墨西哥湾的美国海岸上。我的前面正有一辆车子慢慢走过来,它由几头牛拉着。这些牛和这个车一同被我吸到空中搬了个家。又有一个人类的玩具正好矗立在城市的入口处:它由一个沸腾的水锅作动力,带动着屋子里的好多轮子转动。一堆火正在水锅的下面燃烧着,一个非常高的石塔立在屋子的外面,还不停地有烟在里面冒出来,似乎是个烟囱吧。它被我连底一抄扳倒了,摔断了颈部。水锅也被我拉出了屋子并被我放到了草坪上。我跑进城市,我在那里玩出了很多的把戏。一个大广场坐拥在一堆屋子的中间,一个上面装有电灯的高大铁柱矗立在广场之上,它应当是为广场照明用的。这个深深埋在地下的铁柱,四周还有螺丝钉连接在一块厚重的石板上,它居然不愿意随我而去,我用尽生平所有的力气都没有能够动摇它。我因此挥动我的气柱用力扭动这个铁柱,最后把它做成了一个形体巨大的螺旋锥。现在,那个世界第一的大螺旋锥依旧矗立在那里,它被人称做是"丛柱",以此作为我曾经去过那里的纪念。还有,窗子被我拉离了铰链,屋顶被我掀离了屋子,屋顶四处的铜丝网被我撕得稀烂,再有就是在停满船只的港口我举行一次盛大的狂欢,最后把这些船只都送去了永远宁静的世界。

这个忙碌的一天直到晚上才停下来,我慢慢停息在海里,然后睡去了。

四个弟兄都安静无声。没有人赞同这位美国兄弟的作为。面对这样一个危险的人物,没有人愿意争执不休。最终还是老大雪暴对旋风的报告作出了总结,它是这样说的:"有五千多人的性命丧生在了你在加尔维斯顿的这次行动中,这点你忘记说了。"

"是吗?我从来都没有想过这样的问题。但是人类的战争经常一次死亡数百万人呢！杀人并不是我的根本目的。把害虫病毒一扫干净，把地面上的污浊秽气清除殆尽，才是我想要的。我这极有益于各类谷物的生长收获，也有益于防范各种疾病的蔓延，我这是为人类的发展做了自己应当做的一切。冰胡子，不要总是批评别人，你应当把自己的故事说出来供大家批评！"

手捻着长长的胡须，雪暴清了清嗓子，说："我已经上了年纪，精力也衰退了不少。旋风的蛮力，飓风的活跃，热风的任性是我所没有的东西。一件大大的斗篷披在我的身上，每到一处，周围的地面都会被我的大斗篷遮盖起来。世界被我染成了银白色的。对于艺术家用自己的魔力画笔绘出的灰色画卷，我只需一个昼夜就可以把它变成黑白两色的。天性就爱好和平的我，还是避免不了对农作物和人畜的伤害。人们因此用'白色的死神'来称呼我。"

天气进入十月已经非常寒冷了，在某一天，高空中的我终于耐不住性子。通过加拿大的英属哥伦比亚背负了大量雪花的我要去中央平原。我展开翅膀，白昼的天空却突然阴暗起来，能见度还不足一百米的样子。各地的人们不得不把电灯都打开了。一场大雪居然就在我抖了两下斗篷的情况下产生了。如此的大雪是他们此生第一次经历，这是下边老人们的原话。我闪亮的冰绡在几分钟里就包满了这广大的世界。下面的人迹和道路在这密集的雪花下，很快就消失不见了，所有的一切都被几英尺的雪覆盖了。树木以及刚刚还在前面作为目标的房屋，瞬间都淡出了人们的视线。世界仅在十五分钟里完全改变了模样。再也不可能乘车和步行了。一堵高得没有人能爬过去的雪墙被我吹了出来。街面上的人停止了所有的活动。路上行人的脸上都承受着我数百万支锐利小标枪的攻击。寂静的街面，被掩埋的房屋，屋顶，以及连通着千家万户的电线网都被厚厚的积雪压坏了。从斜坡上滚下来的巨大雪山"呼隆"一声掉在了坡下。

积雪堆满了整个村落，低矮的茅屋被埋没在雪下，刚好到屋檐。原本想逃离屋子的人们，又被我严寒的气息和锐利的小标枪吓了回去。

面对我咆哮而来的火车发出了刺耳的"嘶鸣"和"格格"的车轮声。它喘息着把一股股的水蒸气喷向我。这个小玩意被我伸手握住，被凝固在了耀眼的雪海中。它马上得到了听到尖锐嘶鸣求救信号的另一种小玩意的援助。这真是怪异的小东西！顺着铁轨，它咆哮着，无畏地前进着。轨道上的积雪被它蒸汽推动的巨大犁耙驱使下跑到了一边。它的喘息呻吟稍见减轻，又坚持前行。对于它的胡闹行为，我不予理睬，但是它终究是耗费完了自己的精力，停了下来，和其他东西一样被埋在了软软的雪花下面。一列长长的列车，终因没有办法按照原定计划把铁轨上的积雪清除干净，而被搁置在那里。

所有的活动停止了，原本紧张忙碌的都市生活一下子忽然被麻痹了。村子里没有人敢靠近也没有人敢离开。地面上被我洒下的雪花还在落个不停。雪的海洋把列车的前前后后左左右右都冻严实了。忽然受到大雪袭击搭载了乘客的邮车一动不动地趴在山谷的中央，积雪埋住了整个车轮，只露出上面的车身。乘客们一个个枯坐在车子里，都被冻得没有了知觉，彻底被我俘虏了。海上的帆船也被我改造成了一个怪物。它的桅杆和帆桁、帆布、绞盘和大炮、锁具，以及指挥塔都被大量的雪花覆盖了，并且这些雪花又渐渐结成了冰。如此它们就成了蜜瓶里的蝴蝶，毫无自控能力地东西飘荡着。

高原上的树林因不堪沉重积雪对树顶的重压，发出了阵阵呻吟声。树枝被刺骨的寒风涂抹上了一层笨重的雪皮。这些不胜重负被压弯腰的大树，早已丧失了柔软的本性，在我猛扑过树林的时候，它们如同玻璃一样被折成了一段一段的。雪和风把整个的树林都被蹂躏殆尽，你们可以听见阵阵的哀鸣声在橡木和杉木的林子里发出来。

上了年纪的我，不能够太长时间地用力。疲乏不堪的我在几个小时后躺在了哈德逊湾的边境地区。一件耀眼的白衣被我送给了整个世界，但是神奇的冰雪建筑立即被穿透云层的太阳缓缓毁坏了，麻木的生命同样被拯救了。

老大哥的报告讲完了。

飓风接着说:"兄弟们,我们都没有办法指出别人的过错!这些事情是我们都没有借口可以推辞掉的。鸽子的天性原本柔顺,而虎豹也同样不由自主地凶残。"

飓风的话得到了热风和旋风的同意。

老风暴随后宣布:"暴风兄弟在得马温得洞窟的会议就此结束。我一定会如实地把我们的行动回报给气象之神。兄弟们,现在可以分别回家对自己的工作进行准备了。再次地短暂分别,期待明年在此地相逢在家庭会议上!"

四兄弟共同起身。四人分别展开翅膀,就要回家。

热风大喊:"美妙的安拉!终于不在你们的寒冷威胁之下了。"一股温暖的气息被它带出了洞窟,它展翅飞向了南方。

飓风紧跟着大喊一声:"明年见,沙袋儿!"呼啸着吹向了西方的欧洲,跟随它的是一串的雷电和暴雨。

旋风的声音好似拉风箱,"冰胡子,我们可以结伴一段路程。飞呀,飞到金圆国去!"

雪暴不住地摇头,拿不定主意:"我一把老骨头,赶不上你。再者人类经不起我们两个同时经过。还是你先走吧,小土匪!"

这个美国的野小子——旋风一边高喊着:"明年见,老糊涂虫!"一边怒吼着上路了。

雪暴没有立即飞走,而是再次徘徊了一会儿,才奔向它遥远的家乡。一片片的小雪花飘落在高加索高低不平的山谷里。

在那老鹰盘旋的高空中,不时有阵阵怪异的咆哮声传入人们的耳朵里,经久不衰。那正是老雪暴旅行中的歌声。

讲完故事的乌拉·波拉最后说:"孩子们,风暴的故事讲完了。飓风此时在烟囱里奏乐的声音不知你们听见了没有?回家的时候到了,扣好你们的外衣扣子，戴牢自己的帽子。当你们躺在暖暖哄哄的被窝里听到风吹动百叶窗声音的时候，千万不要忘记，那些仍在荒野中暴露的人们，他们正在和得马温得山洞窟里飞出来的风暴四兄弟们分别在大海里、山谷中、沙漠中做着生死搏斗！

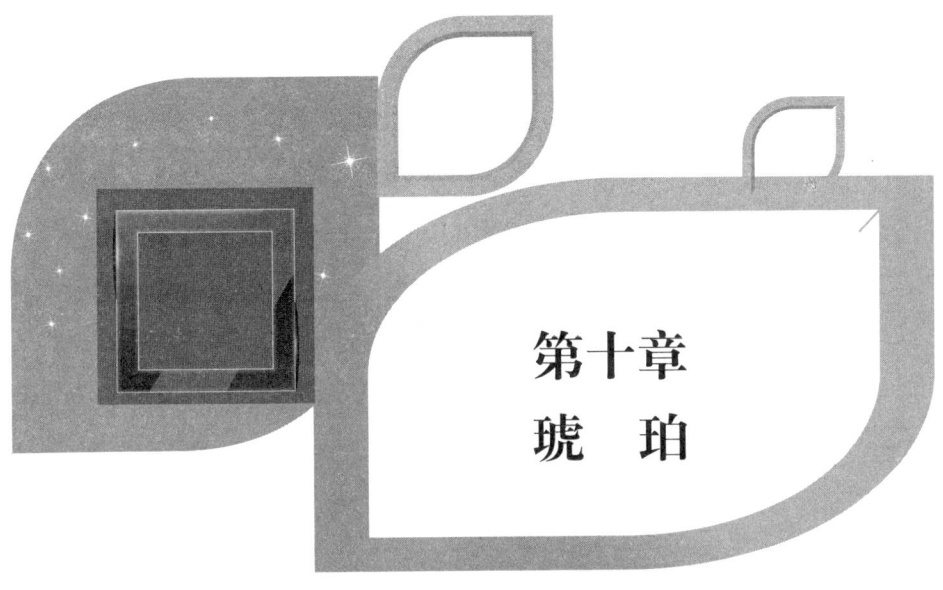

第十章
琥 珀

"孩子们,今天我们要讲的故事是关于玻璃棺材的!"

"关于那个白雪公主被小矮人放入玻璃棺材的格林童话故事,我们全都听说过了,乌拉·波拉。"

"但是我要说的是,你们是没有听过我讲的这个故事的。白雪公主和其他漂亮的姑娘是不会出现在我讲的玻璃棺材里的。这个棺材就躺在我的橱柜里,至于它的里面究竟有什么东西,待会儿你们可以过去看一下。可是为了避免你们见了团子就认馅,你们要听完我讲的故事。

对这位老人心里到底是怎么想的,孩子们都猜不到,只好坐了下来。

乌拉·波拉慢慢地说了起来：

在非常久的时间以前，我的故事就开始了，估摸算来，怎么也有上万年了。

那是一个太阳高照的美丽夏日，飒飒的响声不断地从树顶的叶子上传来，远方是咆哮着的大海。跟前就是这一望无际的大森林。

在暖暖的太阳光下，美丽的花草间有一只长着柔嫩翅膀的小苍蝇。她忽地展开翅膀，嗡嗡作响地经过草地飞向森林那边去了，也不知是为了什么。森林里有一棵棵高耸入云的松树。一股松脂的香味在这火热的阳光下不断钻进我们的鼻孔。

在一棵大树干上，我们的小苍蝇歇息起来。大半日的飞行，灰尘覆满她的全身，她不停地用自己的腿对翅膀进行刷洗，还有自己长着红眼睛的脑袋。

就在这个时候，这只苍蝇被一个长腿的蜘蛛看到了，蜘蛛就想着把她当成一顿美味的佳肴，缓缓地向她爬了过去。要知道挪动着八条腿是多么困难呀！蜘蛛挪动时非常小心，沿着树干他爬行得很慢，渐渐接近了小苍蝇。

蜘蛛细心地思考着这件事情。"唉！这个小姑娘的身体上能吃的东西太少了，假如再除去一对触须和这双绿色的翅膀，就更没有多少东西了。可这要比什么都没有强多了，总比得上挨饿一天要好，可不能被她凸出来的眼睛看到我而吓飞了她，为了这顿美味的午餐，我一定要小心了。"

就在蜘蛛马上得手捉到小苍蝇的时候，一件可怕的事情发生了。

老松树在正午火热的阳光照射下，被迫渗出了闪着金黄色光芒的厚厚松脂。蜘蛛和小苍蝇两个刚好被掉落的一大滴松脂包裹在了一起。

在老松树的黏稠而发黄的泪滴里，他俩开始还前后左右地挣扎着，但是渐渐全都静止下来。就这样，蜘蛛美味午餐和小苍蝇的崭新衣服全都凝结在了一起。

在裹着这对昆虫的松脂上，还不停地有新的松脂落下来，一层一层地覆盖在原来的上面，最终成为厚厚的一团，好像是一个透明的棺材。

世界的历史在不断地翻阅新的一页，这期间发生了很多必然要发生的事情。转眼之间就过去了成百上千年。数以千万的八脚蜘蛛和长着绿色翅膀的小苍蝇，在这无数的夏日里来了又去了。在那如此久远的年代，曾有一滴松脂埋葬了一对小昆虫，并把他们吊在一棵老松树上，但是这棵老松树泥土下面的部分早已完全腐烂了，有谁会想得到这里所发生的一切呢？

变化仍在不停地发生着！大量的海水涌上下沉的陆地——现在的波罗的海的地方，这片古老的森林渐渐被吞并。终于有一天，森林被海水淹没了。树干不断地被海浪冲刷着，有些甚至被连根拔起，森林就这样覆灭了。水的坟墓把一棵棵大树安葬在了下面。上面是海风粗狂的歌声，水下滚动的老树干发出了阵阵呜咽声。

波罗的海的海水咆哮声说明下面就是那个大森林。被海浪吞并的老树干上就包含着那个埋葬着一对昆虫的透明棺材，树干最终被海沙埋没，并完全腐烂了。海沙里只剩下了一个松脂球。

又过了数千年。海底的泥沙被海面上猛然间的飓风形成的海浪带到了岸边。海滩上正走着一个穷苦的渔民和自己的孩子，他们正在寻找一种叫做琥珀的东西。琥珀就是在数千年前火热的阳光下老松树掉下来的形状各异的眼泪，是一种经由松脂演变而来的黄色化石。用琥珀穿成珠琏或做成耳环，这是非常贵重的东西。

在沙滩上，好像有什么东西被光脚的孩子踢到了，被孩子拿了起来。

孩子非常高兴，他大喊："快看，爸爸，这颗被我找到的琥珀，它应当可以卖到十八元钱吧？"

这个琥珀被父亲接了过去，上面的泥沙被擦拭干净，在阳光照射下发亮。

父亲高兴地说："儿子，运气不错。有一个苍蝇和一个蜘蛛被关在这个玻璃棺材里。两只小昆虫被埋在琥珀里，这是个宝贝！我们把它卖给格赖夫斯瓦那里的做学问的人，甚至还可以拿到金币呢！"

在沙滩上,好像有什么东西被光脚的孩子踢到了。

　　这个玻璃棺材真的被格赖夫斯瓦做学问的人用金币买了下来，在之后几经辗转落在了乌拉·波拉的手里面，我们这就看看吧。里面躺着两只小昆虫，好像他们数千年前刚死去的时候一样。凶残的蜘蛛正垂涎着一顿美味的佳肴，苍蝇小姐正梳理着自己崭新外衣。他们身上的每一根毫毛，以至于他们是如何直挺挺地死去，现在都可以被我们清楚地看到。通过他们脚周围的几圈黑色圆环，我们可以看出在他们死前从黏稠的松脂里的苦苦挣扎。对于一万年前的故事情形，我们此刻可以由此推想出来，如同是刚刚发生的一样。除了这些，我们还可以知道蜘蛛和苍蝇早在很久以前就出现在世界之上了。这真的是个非常古老的世界，难道不是吗？

第十一章
金刚石和自己的兄弟们

一天,在我们刚刚聚集到乌拉·波拉博士的屋子前正要进入的时候,伙伴间忽然发生了争吵。事情是这样的,一个皮匠的孩子被童话和蛋糕吸引着,也想参加我们的聚会。但是生活富足的矿务总监的孩子就是不同意这个皮匠的孩子进到屋里去,就因为皮匠的孩子穿了一个双拖鞋和一个打满补丁的小褂子,这配不上其他人穿的漂亮衣服。

总监的孩子在一边嚷嚷着:"要去见乌拉·波拉博士就一定要穿着整齐,不能像个讨饭的。"可是其他的小伙伴认为应当让他进去,穿着好坏并无大碍。再看那个可怜的孩子被吓得躲在后面,十分生气,也十分狼狈。

他们的争吵竟被轻轻推开窗子的老乌拉·波拉听见了。他忽然发起了大火,以一种我们很少听到的严厉口吻喊道："一帮小坏蛋，再让我听到你们像大人一样，只靠穿着对一个人乱加评论，我就会让你们倒霉，从此我的屋子你们再也别想进来了，所有人都包括在内。你们现在都上来吧，先让小皮匠汉斯上来！我要把一个穿短衣服工人和穿天鹅绒背心懒虫的故事讲给你们听，好让你们明白哪一个才是最可贵的。你们听完老乌拉·波拉的故事以后，回到家一定要把我说的告诉你们的家人，这件事情必须在他们的心里引起重视！"

就这样，老克立斯蒂娜又把茶点端了上来，由于被这个有威严的老人保护着，小汉斯高兴地坐在了火炉旁。老乌拉·波拉在自己的长烟斗里装满了烟叶，仍旧一副气呼呼的模样，开始讲他的故事。

有一个拥有很多工厂、船只和工矿的富翁。一个怪异的金刚石钻戒一直放在他的写字桌上。火似的耀眼光芒在这个芸豆大小的钻石身上不断散发出来。他的衣服都是用金子制作的，估价怎么也得上千块。

一个只穿有一件杉木料子棕色外套的铅笔就躺在钻戒的一边。现在正是休息的时候，他从早上开始就在为主人写各种数字和制定计划，一直办公到现在。房间除了修长的老时钟打着节拍庄严地在说着："嘀嗒，嘀嗒……"其他再没有别的了，很是寂静。

金刚钻细致文雅的声音把睡梦中的铅笔吵醒了。

"这里太闷了，真的是不配我停留。只有那欢快的歌舞会和奢侈的交际场所，才适合我这样的人，在那里耳听眼见的都是些令人高兴的事情。"

一旁身披杉木外套的小铅笔，还没有休息好，疲惫得只想睡觉，静静地一句话也没说。

"这个家伙不知好歹，我是何许人也，他可能还不知道。"金刚石生气地想着，所以发出他耀眼的光芒，激动地说："介绍一下我自己，我来自南非洲，名字是金刚石男爵，珍珠是我的妻子。我的妻子出生在一个世代显贵的名门，

是个世袭的伯爵夫人,她与海洋的主宰者海王是近亲关系。"

铅笔不得不回答说:"别人的事情我没法去管。铅笔是我的名字。我不过是这个小屋里极其平凡的一个佣人,做好本职工作是我的第一要务。"

"我讨厌总给人家做工,总是为别人工作,太令人讨厌了。"

铅笔不赞成地说:"讨厌的感觉我从来没有过。主人的一切计划我都非常清楚,我很喜欢自己的工作,并且这些计划最终将成为全世界共同讨论的话题。对于我们这些新计划的内容,新闻记者和财政人士们都在急等着采访了。会有数百的工程师和数千的工人在我早上的材料发表以后找到属于自己的职位。瞧,那里是我的劲敌笔座先生。对于工作的看法,你们是为了享乐,而我们为的是做一番大事业,他正在为自己做不好这件事情而生自己的气呢。"

金刚石男爵骄傲地说:"人的地位决定了这一切。红宝石爵士可算得上是我的劲敌,但是终究在华丽上没有比过我,虽说他有时候也被主人戴着,可是他在高贵的社会里是毫无地位的。我的家族,我的价值只需一瞥就会被人认出来,因为我发出的是五彩斑斓的虹光,他不过是一滴血般的闪光而已。"

铅笔赶紧挡住他的话,说:"没错,这些我已经知道了。但是你的用处还是一无是处。主人能买得起你,正是我们这帮人辛勤劳动为他挣钱的结果。"

金刚石并不赞同这样的说法,他说:"唉,这个世界是不会人人平等的,辛劳工作的人当然是不可缺少的。但是这单调的工作并非是我该做的,我也没有办法。和我这样途经很多的码头对人生的酸甜苦辣都已尝尽的人相比,你这样整日里就知道做同一件事情,没有什么见识的人当然是不知道如何去过生活的!"

铅笔说:"外面的世界到底是什么样的,我还真的没时间去看,整天都要忙于工作。但是我很想听一听,你可不可以告诉我,外面的世界到底是什么样子的?"

金刚石说:"说来话长。既然你很想听,那我就慢慢和你谈来。对于那些令人怜悯的人,高贵的人还是很乐意帮助的。你听好了!"

"南非洲是我和我的兄弟们共同的家园。岩石中,地球下是我们共同的潜藏之地。你应当明白，被人们看成是贵人的总是些绝世难见的东西；而那些人们随处可见的东西也就值不了几个钱了。"

"有一大帮黑色的工人在一天来到那里，他们为了寻找我们不停地在那里掘着、铲着、锄着。他们都是些可怜的黑奴，工作时都不准穿着衣服，为的是怕他们在工作的过程中把我们偷装进自己的衣袋里，他们是不能占有我们的，因为他们工作都是有报酬的。也有些人在巴西和印度寻找金刚石，但是就个头大小和华丽与否这方面讲，还是我的家乡南非出产的最好。我的兄弟中比我还要尊贵的也有很多。犹如小孩子的拳头大小的克立南是我们当中最大的，它有一磅多重，身价大约为八十万金镑。当时他去伦敦是被警察护送去的，这是为了防范路上被人抢劫。大小约为克立南的二分之一，身价为六十万金镑的爱克赛尔雪也是在这个地方出去的。可是寓意为"光之山"的非常有名的柯伊诺尔却是来自印度，他的价值约为十四万金镑，也是被英王所占有，他是我们世界闻名的亲戚。"

"不错，世界大了什么样的怪事都会发生，下面说说我的经历。一把鹤嘴锄有一天来到了我的身边工作，随后是一把铁铲，我和其他乱石被一同扔上了一辆独轮车。再后来我们被送到一个小宿舍里去逐一进行检查，可是我起初并没有被发现。这是因为浑身上下裹满泥土，既肮脏又吓人的我正好在独轮车的角落里。我被推车的黑奴发现也是出于一种巧合与偶然。我被他夹在腋下，差点被他独自占有。但是这个秘密被他的伙伴发现了，最后两人决定一起逃走，打算把我卖到欧洲或者开普敦。"

"两个人真的在一片夜雾中逃向了荒无人烟的草莽中。可是贪心的人总是没有好报的。其中的一人趁着另一个熟睡时刺死了他，拿了我继续逃跑。对于两个人的失踪，人们早已料到一定是有一颗颇具价值的金刚石被他们偷走了，所以在那个时候，金刚石矿上的很多警察正在对那两个人进行搜索。那个杀人凶手和盗走宝石的人选了一条比较背的树林逃跑，他这是为了不被抓回和丢失性命。但是因为没有吃的东西,他在荒野里又找不到出路,最终被活活饿死了。当人们在发现他被太阳烤干的尸体时,已经是好几个星期之后的事了,当时他的赃物——我,仍然被握在他黑色的手里。"

这时铅笔插嘴说:"你如此尊贵的身价看来是没有丝毫用处的。我相信那个被饿死的黑奴在临死之前,肯定乐意用你和一块硬面包来调换一下!"

金刚石虽略有认同,但还是争辩地说道,"可能吧,朋友!黑奴是不值得我这样高贵的人给予怜悯的。他本该非常识趣地离我远远的。你还是继续听我说吧!"

下面是金刚石叙述的他的经历:我的真正的主的人总算找回了我,没多长时间,我去了最具实力、最有声望的金刚石商人和金刚石加工者汇集的荷兰阿姆斯特丹。金刚石在刚刚被从泥土中挖掘出来的时候,和普通的石子没有什么两样,人们根本看不上眼,等到这个时候我的光彩才得以展现在人们面前,我的透光和闪光必须要经过一番细心的琢磨。经过琢磨的金刚石反光的性能要提高几千倍呢。我随后被送到一个金匠的手里,在那里我被围上了一条黄金的腰带。之后我被展示在巴黎一个电灯下的蓝天鹅绒垫子上。"啊,这颗钻石真的很华丽!"走过的人无不对我表示称赞,两眼中深藏着无限恋意的太太们看见我都走不动路了,可最后还是叹着气离去。

一天晚上发生了一件吓人的事情。我被一个从寂静的街道走来的人抢走了,他用铁锤把玻璃砸碎了,拿了我闪电一般地奔入街道之中,一会儿右转,一会儿左转。但是最后还是没有逃出看门人的追赶,被堵在了一个房屋的黑暗角落,原来看门人听到了玻璃的破碎声。盗贼被控告到法院,并被判了好多年的监禁。这件事情被各大报刊详详细细地做了报道,我因此而名声大显。总算逃离了那只肮脏的大手,再次回到了蓝天鹅绒的垫子上,"这颗金刚钻就是被盗的那颗!"每个走过的人都会这样说。

后来珠宝店里来了一位绅士,绅士的臂膀里挽着他深爱着的巴黎大剧院里

珠宝店里来了一位绅士

当红的舞星，他爱这个漂亮的姑娘胜过爱自己的生命和名声。我被这个姑娘相中了，她多次地向绅士请求把我买回去做颈上的饰品。姑娘的请求最终被这个犹豫不决表情严肃的绅士答应了。这个大众艺人从此成为了我的主人。她在那天晚上，把我用一条金链子穿起来戴在了自己的脖子上，那是我第一次在上千盏灯光的照射下跟随她在舞台上闪闪地跳动。亮丽的色彩充满了自己的眼睛，美妙的音乐塞满了自己的耳朵，真的是威风极了！我被上千的人用观剧镜凝望着。先生们都高兴得要死，太太们却妒忌得要命，特别是那些上了年纪的比较丑的。我真的不明白，有些太太们说这是在侮辱她们。

终于，在一天晚上发生了一件可悲的事情。在空阔的剧场里，富丽堂皇的雕刻立柱和红色天鹅绒的厢座之间充斥着悲悲切切的音乐声。带着我跳舞的最美丽姑娘穿的衣服如云般轻软。那个消瘦而严肃的绅士此刻却正在自己的家中办公桌上结账。他正给自己在任经理的银行写信，内容是，他已经没有能力再偿还被自己挪用的大量账款，唯有以死谢罪。接着，一个亮光光的黑色东西被他在抽屉里拿了出来，只听"砰"的一声，绅士自杀了。

听完金刚石的身世，铅笔感到周身难受。他真想抬脚逃离这个地方，他感觉这个贵族化的家伙距离自己太近了。"真的庆幸自己和你这个贵族化的家伙一点也不像，天呀！你温柔漂亮的外衣一点用处也没有，真会招惹祸端。"他这样说。

钻石男爵笑道："唉，我对于如此不开窍的人是一点办法也没有。报刊又对这件事情做了非常细致的报道，这其实是严重地侮辱了我，可是却更好地传播了我的名声。当红女郎也因为绅士的自杀而遭遇了不幸。她不得不将我卖掉，并离开了剧院。贫困潦倒异乡漂泊的她最后也穷困死了。再后来我就来到了现在的主人这里，我被他镶嵌在了戒指上，我的故事就此完了。瞧吧，我之前受人宠爱和羡慕，因而名声大噪，以至于跻身最高贵的一族了。

在铅笔看来，金刚石和他出身名门的妻子——有着世袭爵位的珍珠，他们并没有什么地方值得人们可贵、可敬、可羡，铅笔静静地什么也没有说，他也不知道有什么可说的。在房间角落里发出的一个粗狂声音把铅笔从往事拉回了现实，也把金刚石吓了一跳。"可不要吹牛呀，亲爱的朋友。牛皮吹大了是要爆裂的！并非是由于你引发的灾祸而导出的一连串不幸，确实是我们的主人会因为你的吹牛而非常生气！"

一个非常美丽的火炉躲在房间的角落里，荷兰砖砌成的炉壁映射出绿色的光芒。我们可以看到里面被烧得火红的煤，这只需通过它镀镍的门还有云母片看进去就可以了。一个秀美的盛煤箱子就被放在小火炉的旁边，紧靠箱子是一把镍手柄的小铲子。铅笔和金刚石发现刚才说话的就是那个平滑犹如镜子的大块煤。大块煤继续说："三个送命的家伙都是为了你。不错，你就是一个只知道闪耀美丽光华的懒惰虫！"

"亲爱的朋友，你一个只知道为房间取暖穿着脏衣服的小工，难道你没有发现，就算是仆人都在用铲子弄你，而不愿意接触你一个指头吗？你说这些不过是对我出身贵族的妒忌。"

煤哈哈大笑地说："哈哈！你真是一个吹牛大王！你，我，还有我的朋友铅笔，根本就是同一家族。我们本是三个亲兄弟，区别的仅仅是你只会勾引人崇尚奢侈，而我和铅笔是忠诚的劳动者！"

金刚石难以置信地驳斥说："亲兄弟？这是不可能的事情。一支铅笔，一块煤，还有一个金刚石，岂能是亲兄弟！"

煤高声说道："很遗憾！这事实虽说不太令人欢喜，但的确是事实。我们是出生在同一家族的三兄弟，碳是我们的父亲，我就是碳，只是身体里包含了很多杂质；铅笔和我一样也是碳，他的原名是石墨。"

金刚石依然不相信："你说的是什么意思？"

煤回答说："其实一点也不复杂。瞧，那杯浇花用的水，就在桌子上你的前面；

结在窗户上的冰；再有外面火车上机头部分喷发出来的水蒸气，他们和我们一样，也是三兄弟。三个都是水，只是形态不同，车头喷出来的是气化了的水；窗户上是固态的水，杯子里是液态的水。说他们是兄弟，是因为他们三个都是水。说我们是兄弟，是因为我们三个都是碳。

那个高傲的人虽说有些生气，可是还是恭敬地说："噢，假如你说的都是真的，和你一样，我也可以燃烧，并且金刚石还可以在煤里炼出来了？"

"是的，我高傲的兄弟！和我一样，在极高的温度下你也会燃烧，人们也在煤里炼制出了小小的金刚石。我亲爱的兄弟，这些都是人们已经做到的了。只是再燃太太的食谱尚未给人们发现，用我制造你的过程及其复杂而已。是再燃太太制作出的我们三个，这你不会忘记吧。什么是你所说的门第呢？仔细一想，其实里面什么也没有，这一切根本就改变不了你的一无是处。但是五金店里的小工们用来划玻璃的那种金刚石，在你的同类中是个勤劳和蔼的另外例子。他非常和蔼可亲。你当然不会希望有这样时常散发着油灰气息的兄弟，可是和你相比，我还是比较喜欢他。"

金刚石一肚子的火气，说道："好吧，你了解到我的家谱，可能要比我详细多了，可是即便我们这种远房的亲戚关系成立，总而言之，你都无法否认，这个家族中最最高贵的人永远是我，变不成别人！"

火炉中的黑色工人哈哈大笑嚷道："我高贵的先生！虽说论长相你要比我和我的铅笔兄弟漂亮很多，可是请你不要因此而自负地认为，我们都很乐意成为你亲戚，这并非是什么令人高兴的事情。牵扯到你的偷盗、抢劫和杀人的案件太多了，你的名誉可以说极为不好。在所有你经历过的事情中，我找不出任何一件值得骄傲的。不要以为我们穿着黑色衣服，就会比你低一等，那你就大错特错了。人类的整个世界会因为缺少了煤而发生恐慌甚至走向毁灭。从我们主人的角度讲，假如我们罢工一天，他们受到的损失，就是你和你的世袭伯爵夫人两个加起来的总价10倍都抵挡不了。上千家工厂的大机器都要依靠我的

力量来开动，都市中人类的照明取暖，拖着车子来回地走动，这些都离不开我。我们还可以把轮船送过大洋。没有人能够缺少我们，包括随从和国王，仆人和主人，讨饭的和有钱的，所有的事情在我们请假的情况下都没有办法进行。即便是世界上最小的车轮子，在世界上所有的金刚石都被扔入大海的情况下，也不会受到任何影响，他们依然是速度不变地继续运行。喔，我的主人回来了，他比较喜欢安静。我的爱慕虚荣的小兄弟，再见了，见到你出身高贵的世袭伯爵妻子——珍珠，请替我问声好。"

高贵的男爵被气得一句话也说不出来，略带讥讽的铅笔在一旁小声地窃笑，煤则是哈哈大笑，音调很高。接下来，铅笔和煤都屏住了呼吸，男爵呆在一旁像个小老鼠。

主人推开屋门走了进来。仆人被叫了进去，被主人告知把火炉的煤再加些，太冷了，他还要处理很多的事情呢！书桌上的铅笔被主人拿了起来，飞快地在纸上写着什么。

主人把用不着的金刚石钻戒扔到了一边。

故事说完了，乌拉·波拉最后说道："孩子们，这就是世事。你们一定不要忘记有句话说的是：'切不可以用外表去评论一个人。'"

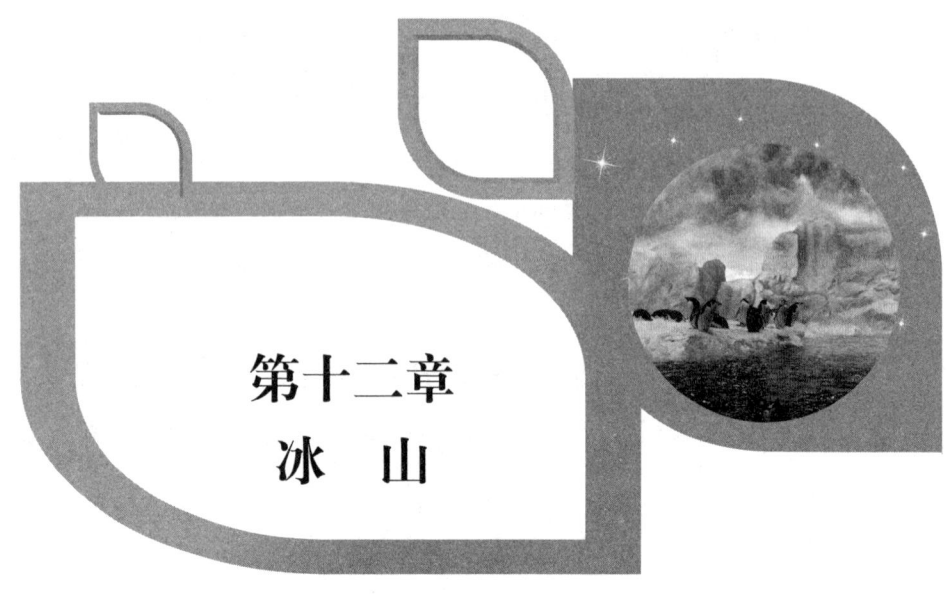

第十二章
冰　山

初春的一天，在安乐椅中的乌拉·波拉非常安详地躺着。一股浓浓的白烟不时在长烟斗里飘出来。鼻梁上架着的玳瑁眼镜，好像是一辆脚踏车。背上是不停晃动的小辫子。

就在他正读着报纸时，我们走进了他那间烟雾弥漫的书房。

"孩子们，美国的一条商船沉没了，所有船员都无一幸免，数百条人命就这样被大海夺去了，这个你们应当听说了吧？报刊上报道得非常详细。听说是冰山酿成了这次惨剧。假如你们爱听，我们今天就说一个和冰山有关的故事。那是很多年以前发生的事情，它和这次报刊上报道的几乎没什么差别。你们都坐到火炉这边来，先让克立斯蒂娜沏一壶热茶来吧，我们将要谈到的是一个非

常寒冷的地方，就让我们到格陵兰做一次冰雪之旅吧。"

嗯，在地球上，格陵兰这个地方是极不欢迎人类居住在那里的。仅有少数捕捉鲸鱼和海豹的人，以及爱斯基摩人住在那里，再有就是以冰雪覆盖的灰绿色藓苔作为食物的驯鹿。不错，这就是冰山，我们今天要说的就是和它有关的故事。那里的温度大概是零下五十摄氏度左右，一年里阳光照耀的时间合起来也就几个星期，冰冷的大地始终被刺骨的寒风笼罩着。这才是北极的外客厅。一层层逐渐增加的冰雪覆盖着整个陆地，厚度足有四五千米，只有几个小岛似的山峰偶尔把头探出这冰层。陆地对于仍在继续增加的冰层终于无法承受，把它们慢慢抛向了温度稍高的海岸。像这种足有几千米横阔的巨大冰层，被我们称做冰川，也就是我们熟知的冰山的缔造者。冰川缓缓地向海边移动。太阳总是走不出地平线，持续的几个星期都是黑夜，和这冰墙相伴的只有天空中不断闪耀的繁星，以及洒满奇特绿色北极光的寂静寒冷的北方世界。

激流上面是高耸陡峭的海岸线。它就是海洋的开始，陆地的尽头。冰川到达这里，会使巨大的冰块悬浮在峭壁的空中。阵阵的破裂声不时地在冰块里发出来。悬浮的巨大冰块伴随着数不清的裂痕出现，最终掉入海洋。假如我们在这个巨大的冰块上建造十几栋房屋，根本不是问题。波涛滚滚的海面受到从母体中脱离出的巨大冰块的冲击，发出雷一般的吼声，掀起千层巨浪，巨大的旋涡把一条白色的水柱直伸向空中。

冰山诞生的情况就是这样的！

它就像一座漂浮的堡垒，上面都是些高塔、尖顶楼、碉堡，它游荡在冰冷的海水中，渐渐被海水从岸边冲到了海里。经过巴芬岛，游历布拉达海岸，它一路南行直奔北美，最终进入大西洋的怀抱。

你们听好了，离开家乡后的冰山越是向南漂流，气候就会变得越温暖。太阳也慢慢出现了。刚出现在地平线上的太阳犹如暗红色的圆球，跃出水面之后就变成了吐火的轮子。而我们冰山的形象此时壮观极了，它就像是一座奇异的魔宫。厚厚的冰墙经过对太阳光的映射向外喷出了一团团的火焰，阳光经过这个满是裂痕的透明堡垒四散映射，变换成了五彩的虹光，像是被金刚石闪耀出的一样。从远处看这一切，它就像是一个火光冲天的炮台。

冰山继续南移，遇到的太阳越来越温暖。一道道的深水槽渐渐在漂浮的堡垒中融化出来。浮宫的周围全是从槽中下泄的水流，它们逐渐凝成了数千条粗细如树，长短好似电杆木的憨憨的冰柱。水晶宫的门彻底被这暖暖的阳光打开了，千姿百态的亭楼阁榭被建在了立柱之上。海面上这座漂浮的魔宫，在太阳正中时，宫殿会在碧蓝的海面上发出刺眼的白光；在傍晚太阳下山时，宫殿发射的光芒就会变成火一般的红色；在夜里变成了月光的照射，绿色的光芒就会出现在宫殿水晶般的画廊里。

冰山的大部分是沉没在水下的，因为它的体质较重。水下的部分要比它显现在水上的部分大很多，上面的部分犹如教堂一样高耸在水面之上。

糟糕的事情是忽然有一天海面上刮起了大风！在太阳光和水中暖流不断对冰山南部进行融化的情况下，冰山的身体渐渐无法保持平衡了。周围倾斜的墙壁逐渐把北部的底部抬出水面。终于，大冰山在一股力量相当大的海风摇动下彻底翻了个身。

海底深处的海水也被大冰山的翻身带动了，远在距离两千米的地方就感受到了由此引发的巨浪。海水在冰山的周遭也形成一环环的旋涡，空中飞动着白色的水花。那座冰宫在经历了这巨变之后，仍然是顺着纽芬兰的海岸线在潮流的推动下慢慢前行。

冰山顶上住了一群海鸥，它们经常挥舞着自己银色的翅膀飞向远处，等到再飞回来时，我们就会看到它们嘴里都叼着小鱼儿。

远行的冰山现在到了连接英国和纽芬兰的航道。

在黑暗中慢慢行驶过来的是大汽船北极星号。白色的浪花飞溅在船舷周围，一盏不灭的灯就吊在船顶。舵工的岗位站着一直注视着黑暗的杰姆，他穿了一件短大衣，外加一件油布衣，还戴了一顶雨帽，脚下穿了一双油光光的高筒皮靴。他的嘴里嚼着一大口烟草，两只脚还不停地顿着。

叼着短烟斗，留着灰色长胡须的船长悠闲自得地走近杰姆。他喊道："杰姆，你要当心了，我们就要进入海峡，由北向南漂来的讨厌的冰山时常出现在那里。假如被那东西撞到，我们大家的小命全完！你在这个时候要把嘴巴阖上，眼睛给我睁得大大的。人的精力毕竟有限，长时间的精力集中恐怕会有疏漏，有两个人被我派来帮助你，他们就在黑暗里辅助你观察。"

按照老海员的规矩，烟块被杰姆吐到了两三米开外的甲板上，杰姆回答说："船长，假如冰山真的来了，我灵敏的鼻子一定可以嗅出来。这些讨厌的东西我在这里遇到过很多次了，甚至我的骨头都可以感觉到在黑暗中靠近的它们。可是，温度计当然才是最灵敏的。"

"不错，最可靠的哨兵是温度计。此刻有四个温度计工作在我们的船上：挂在右舷和左舷的两个是对水温进行测量的；挂在驾驶室的两边的是对气温进行测量的。水和空气的温度在下降时就可以通过它准确地看出来。这样，漂移着靠近我们的冰山在很远的地方就会被我们的温度计察觉出来，这是由于有大量的冷空气会被冰山释放出来。"

"测量空气的温度计就交给你了，我去观察测量水温的温度计。"船长说着，一摇一摆地走出了驾驶舱，这姿态也是海员特有的。

天空中张开了犹如丝带一样的灿烂银河，地平线上显现出了猎户座的腰带。①水面上的波浪发出阵阵的哀怨，桅杆上的白色的灯光和红绿色的信号灯光交相辉映在海面上。为了防范房子般高的冰山袭击，避免发生灾祸，黑暗中有无数的眼睛都在注视着。

---

①猎户的腰带就是指猎户座中间谢谢排列的三颗星。

第十二章 冰山

天空中的星光逐渐暗淡下来，船头探照灯似的灯光投射出许多的小光束，夜雾渐渐散漫了海面，一开始它还非常稀薄，但是很快就变得浓密了。只用了一个小时，密密麻麻的雾墙就把他们包围在了里面，根本看不到外面的任何东西。

寂静的海面上飘出了悠扬的雾角声，这是北极星号向其他过往的船只发出的警告。对于是否有来自远处的回声，海员们都竖着耳朵用心听着。

嘴巴里用力嚼着烟块的杰姆焦虑地发出各种骂声。他的胡须被下淌的大水滴打湿了，那是被油布衣凝结的雾气而来。船长在此时走了进来，他气愤地说："事情变得麻烦了，在这里遇到大雾可不是什么好的征兆。空气被讨厌的冰山冷却就会产生雾。冰山一定就在我们的附近，我敢保证。但是如何才能穿透这层雾墙，让我们的视线对它进行捕捉呢？什么办法也没有。现在正是上帝和温度计在掌握着我们的命运。"

掌舵的回答说："是呀，船长先生。上帝几乎遗忘了纽芬兰沿海这个地方。听说恶魔经常在这里出现。虽然这讨厌的东西可以被我的鼻子嗅到，可是现在的我根本嗅不到任何的气味。"

"明天一早我们就可以跑出这个魔鬼地带，关键是安全度过今晚，晚上总是要比白天凶险。我这就去看看那两只温度计！"

半小时后，黑暗中的杰姆大声说道："从左舷正有一股冷空气飘过来，我嗅到它了，冰山肯定在那里。"

船长大惊道："不会吧！水中的温度计好像只是下降了半度，希望不是真的，才刚半度，我想或许有些关系吧！"

"船长，我敢以自己的生命打赌，就是冰山，我已经嗅到了非常强烈的气息。"

船长又转身去对温度计进行观察。不一会他匆匆忙忙地跑了回来。"温度下降了，杰姆，是真的，真的！"

"没错,船长,我这儿的温度计也正在下降。该死,该死,我们就要到那鬼东西的跟前了!"

"是呀!你推测它会在哪个地方?它漂流的方向是怎样的?在我们的后面还是前面?从左舷来?我们这是正在接近它还是在远离它?它距离我们到底有多远?我们此刻所处的关头非常紧要!"

一道道皱纹突起在船长的额头。他要对这条船,以及船上的所有乘客和货物负责。此刻正有一个世界上任何航海家都无法抵御①的危险敌人潜伏在北极星号的附近。但又无法做出应对的策略,因为冰山的具体位置无法确定。和这个巨大的冰山相撞的几率,是他们任何戒备措施也无法降下来的。

舵手劝慰说:"船长,即是无法躲避的事实,我们就要打起精神沉着应对。可能等到冰山到了可视距离内,我们的殊死一搏还是来得及的。"

船长赶紧跑走了。他命令减慢了航行速度,同时把万一和冰山发生相撞后的救护措施详细地告诉了所有船员。除此之外,他再也想不出其他办法了。所有人的眼睛齐刷刷地注视着黑暗中的海面。

船上出现了少有的寂静时刻。雾角声从远处隐约传了过来。航行的速度慢了下来,水波轻轻地拍打着船舷。对于这个神秘的敌人——冰山,所有人都屏气守望着。

他们的前面突然出现了一堵模模糊糊的灰白色墙壁,它映照着船上的灯光,若隐若现。耸立着螺旋状的高塔,水晶般的彩灯挂满了上面,它怪异的形状犹如乍现的魔鬼。隐藏在雾墙后面的这个大型的魔鬼就是冰山!

所有人都在一阵冷风过后瑟瑟发抖。

所有人马上开始了工作,踌躇的人不见了。为了避免和冰山发生相撞,一系列紧张努力的工作开始了,舵手掉转了船头,人们反向转动了推进器。船依

---

① 冰山现在已经可以防御了,能够穿透夜雾的望远镜已经被发明了。

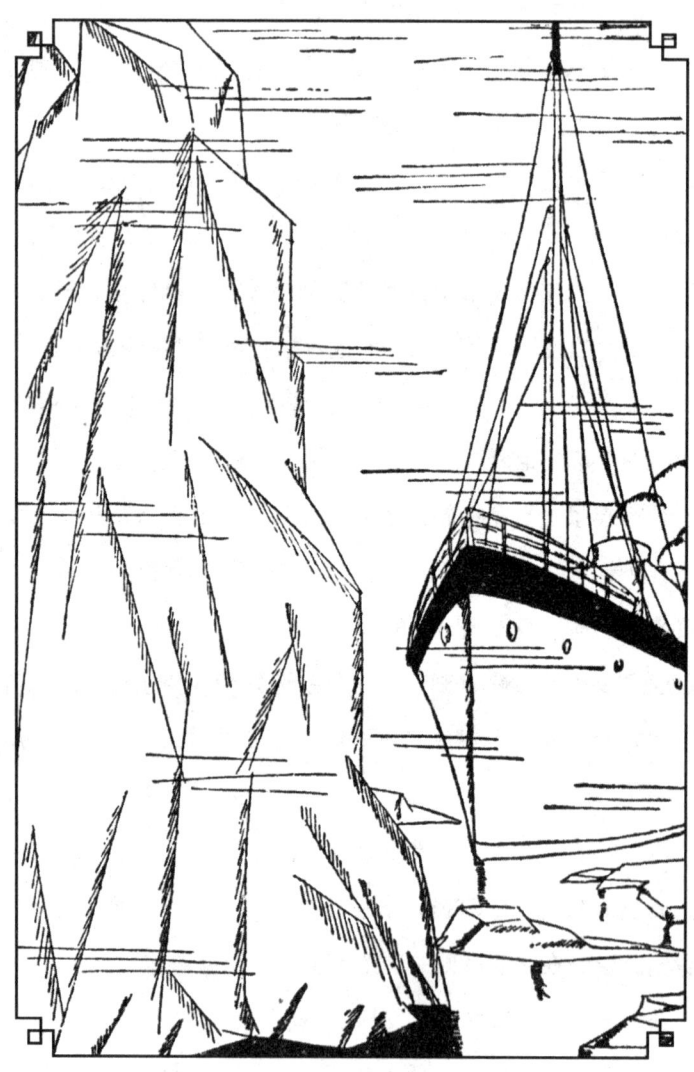

冰 山

然在慢慢向着冰山靠近，不过在倒转推进器的情况下速度减缓了很多。冰山和船好似两只正在相互追逐的野狗。"咔嚓"的破裂声，以及"轧轧"的摩擦声从船底发了出来。这是冰山的水下部分和北极星号的龙骨接触发出的声音，可是还不至于发生严重的伤害，毕竟此刻的速度是很慢的。船和冰山已经非常接近了，左舷上的红色灯光被冰山映射着，好像有数不清的小火焰在冰块的裂缝中迸发出来。北极星号船身略微倾斜，并且在剧烈地颤动着，这都是龙骨和冰山下部接触的结果。船的行驶方向已经发生了变化，它被引擎忽前忽后地推着，只听"轧轧"一声巨响，龙骨脱离了冰山下端。速度渐渐加快，总算远离了冰山。

这个在海面上漂浮的绚丽魔宫在被桅杆顶部灯光的照耀下，被人们看得一清二楚，它幽灵般地从北极星号的船头飘走了。不一会儿，它就又在右舷的灯光照耀下了，它的上面映射出一片绿色，这个魔鬼最终向南慢慢飘走了，又隐藏进了迷雾之中。

杰姆大声骂道："他妈的！这样噩梦般的勾当，以后就是黄金铺地，我都不想再干了。"

嘴里的烟块不知道什么时候已经被他嚼完了。想想这应当是在这最近二十年来首次遇到这样大的危难，他摇了摇略带灰白鬓毛的脑袋。

这次的脱险并非全都依仗着命运，他们至少做了一番激烈的斗争；再有就是此前这个危险的怪物已经被自己的鼻子嗅到了，这也是了不起的功绩呀！杰姆心里这样想着。

船长走了过来，说："好样的杰姆。感谢上帝，我们总算脱离危险了。"他说得没错，北极星号差一点就被冰山撞个稀烂，如同一个破帽笼儿！船长大声喊："此刻大家应当痛饮一杯才算合适，所有责任我来担当。"

船长说完跑开了。北极星号又回到了原来的航路，继续驶向欧洲。

冰山继续漂向更加炎热的地方。它的身体在被温度逐渐上升的海水浸泡下，以及逐渐升高的太阳热度照射下慢慢地变得消瘦了许多。它的高塔不停地融化，圆柱在一根根倒下，悬空的游廊不断地坍塌，它不断地失掉平衡，不断地侧翻着身体。它的体形已经非常小了，再也不会被人们重视了。

这个北方冰川的孩子就这样游历到了非洲海岸。在倒映着摩洛哥的棕榈树林的海水中，它的最后一片薄冰也融化在了这暖流里，冰山完全消失了！

第十三章
老　树

孩子们，我们现在要说的故事是关于一棵老树的。在沉静的森林中，这棵老树已经站立了有上百年，可是他最后的结局是人们都料想不到的。

对于自己笔直挺拔的身躯，他感到非常自豪。每当风儿吹过森林，闯进老树的枝干间，他那件密而厚的深绿色针状外衣就会发出一阵阵鹤鸟挟喙的声音。唱着新歌的小鸟就住在这个散发着松脂清香的针叶上，宽大的针叶如同扇面一样。在茂密的树荫下，小松鼠们正玩着捉迷藏的游戏。老树被啄木鸟"当当"的敲击树干声吵得非常头痛。

大堆的积雪都会在冬季里囤积在松树宽阔的手臂上，等到这些积雪融化的时候，会有无数结晶的钻石吊坠在树枝之上。树干的背后，一只狐狸正在躲躲藏藏等待着光临的野兔。树脚下，雄鹿和雌鹿正嗅嗅这嗅嗅那，对食物进行探索。呜呜啼叫的猫头鹰时常光顾这里，它就像是个怀抱中的婴儿一样。

但是，这里最可爱的时节要属太阳温暖、鸟叫悦耳的夏日。就在这夏日里的一天，一个老奶奶和一个老爷爷来到了这里。两人手拉着手来到老树边停了下来。

老爷爷一边擦眼镜一边说："这棵就是我们要找的。"随后，他围着树干转了一圈，最后用手轻轻触摸着树皮上的坼裂痕迹。

老人忽然高兴地喊了出来："没错，就是这棵树！噢，我们当时是多么年轻呀！转眼间我们都老了！"

非常正确，一个心形标记就刻在这棵老树的树皮上，在心形的下面是两个模糊不清的字母，这是长时间被风雨侵蚀的结果。四十年弹指一挥间，想当年在这里刻上这记号的年轻人，如今成了老公公。在老树下，两位老人静静地站立好久，之后手拉着手慢慢走开了。

每到中午太阳直射地面的时候，年少的猎场狩猎员经常来到这棵老树下休息。这棵老树真是个忠实的伙伴，他很喜欢这棵老树，如同爱自己的兄弟姐妹。

但是有一天，伐木工人带着锋利的斧头和闪亮的锯子到了这里，他们向很多的树木宣告了死刑，原来的一切都在发生这变化。林场监督员来到我们这棵老树下把代表者死刑判决书的三个十字画到了这棵老树上。

监督说说："老朋友，真的很对不起，世界上需要木材，我这也是别无他法！"

他说得没错，别无他法！对老树树干进行锯截的有好几个人。老树的呻吟声把小鸟儿们都吓跑了。在树顶上筑巢的啄木鸟赶紧搬了家。对于这些破坏森林和平的人，停在附近树上的啄木鸟叽里咕噜地骂个不停。

随后，工人把一根绳子绑到了老树的树干上，他们开始喊着"咳哟咳哟"的口号声用力向一面拉，只听"扑腾"一声，老树就躺在了长满苔藓的地面上。

厚厚的棕色树皮被他们剥掉了，大枝小叉也被他们砍下来了，最后被他们

两位老人在老树下站立了好久

留下的只是尸体一样的树干，它长长的，光光的。几天以后，这具尸体就被一辆由四匹马同时拉着的巨大马车拉着，由绿色家园送往城中的解木厂。

树干在那里被日夜叽咕叽咕响个不停的锯子分解成了好多木片，接着又被切木机切成了数千根小木条。这真是个可怕的锯木厂，整个森林都被它吞没了，对待这个长满狼牙的闪光锯子，任何一个对绿色钟情喜爱的人也无法忍受它的行为。

那对老人在几个月之后，在微风的抚慰下，再次来到森林散步，可是，原本站立的那棵老树，他们找遍了四处也没有找到。留在那里的只有光秃秃的树桩。两个人站在那里凭吊了好久，老婆婆最后挥泪离开了那里。

当发现自己钟情的好朋友被人锯走后，年少的猎场狩猎员也捶胸大骂了好久，最后背上猎枪回家了。

由老树切成的小木条后，被送到了很远很远的地方。小木条们来到了一个非常大的造纸厂。它们和一种腐蚀效果剧烈的药品同时投放到一个巨大的铁球里，经过高温蒸煮，最后变成了厚厚的纸浆，这就是那棵老松树。这纸浆还要经过很多的手续才可以变成平滑洁白的纸张，首先要漂白纸浆，之后在一个不停旋转的滤网上将漂白纸浆中的水分滤去，到这会儿，出现的薄薄的犹如毡毯一样的东西，就是纸浆。最后还要用很多大小不同的滚筒对这些毡毯进行反复碾压熨烫。

真的太令人奇怪了，我们没想到，居然有很多的东西都可以用这棵老树做出来！

可是人们都说，纸张要尽显自己的美丽，还要经过书写或者印刷才可以。说这话的就有住在大城市中的长发诗人。所以他用墨笔蘸了墨水，把优美的诗歌写满了洁白的纸张。绿色森林中的树木，以及在枝杈上筑巢的鸟儿都成了诗人的歌颂对象，在静静的森林中侧耳倾听风摇树动所散发出的飒飒声音，被他说成是世界上最具诗意的美丽境界。他又怎会想象到，他之所以可以在纸上写出美丽的森林颂歌，却是以牺牲老树的生命为代价的。

　　一个印刷厂分到了绝大多数由这棵松树制造出的纸张，而这家印刷厂又恰巧是承印《森林颂歌》的厂家，数量是一万册。所以就有了一万册用这棵老松树印刷的书籍，它们被销售到了全世界。

　　年少的猎场狩猎员手中就有一本。这本诗集被他拿到杉树和毛榉的绿荫中，他在一株高大的树脚下大声地咏读。

　　少年火冒三丈地说："满篇的胡话！树木都被城里人锯走了，被他们制成纸张，印刷成书籍，最后居然是一些吹捧什么保持森林圣洁，还要鼓励人们到森林里来的屁话被印刷到了书籍之上。胡说八道，真是太可耻了！我们的老树已经为此牺牲，太可怜！太不值得了！"说着话，诗集被他用力一扔，抛到了远处的树林中。

　　诗集就这样静静地躺着，又过了很长很长的时间！书页间有蚂蚁爬了过去。这到底是个什么东西？满心疑惑的狐狸东嗅西嗅，总也琢磨不透。上面叽叽喳喳叫着的啄木鸟对诗歌更是不知所以然了。诗集被太阳晒黄了，晒枯了；被雨点打透了，被霜冻结了，被小老鼠啃着，最终又被冬天的雪花融成了纸浆。随后，一棵小松树就在纸浆下渗的地方生长起来。它细细的树根在地下拼命地吸收着养分，把老松树奉献出来的纸浆全都吸收到了自己的身体里。

第十四章
怪异世界

在一个天气温暖平静可爱的夜晚,乌拉·波拉花园里的菩提树上开满了花。

老乌拉波拉高兴地说:"瞧,这漫天明亮闪烁的星星!让我们把望远镜架好,来对天象进行一番观测吧。"

在一个树底下,我们把望远镜架好了,经过乌拉·波拉的指示,我们对月亮和星星进行观察。

喔,数不清的彗星,数不清的行星,还有数不清的太阳,根本就是有数不清的世界隐藏在星海之中呀!有谁会想得到,这星海就好像是一棵长满苹果的大果树,而我们的地球只不过是其中的一个苹果而已。其他星球上的云雾、田野、山谷以及江河等,我们都可以通过这望远镜看得非常清楚。

"快看那里!"老人说着,"那边有个漂浮着的昏暗的小球。它的名字是'天王星',是一个距离我们很远的行星。它不仅距离我们非常遥远,几乎看不到它,它距离太阳也非常遥远,太阳几乎照射不到它,所以它上面的温度很低。不错,这个世界充满了怪异,我可以给你们讲一个有关天王星的怪异故事。我们都坐到那边爬满了蔓草的大树底下吧,借着这似水的月光,让我们对遥远的天王星世界进行一番畅谈。"

乌拉·波拉慢慢地和他谈了起来:

你们都听好了!有一个教授,他是研究天文学的,他正坐在他的天文望远镜旁边,对天上的繁星进行观测。很多的太阳和很多的彗星漂浮在遥远的天空里,这一幕被他看到了。可是其中最美丽的是那颗上面存在着海洋和陆地,还有漂浮着的白云和雪花的行星。

老教授哀叹了一声:"假如能到这样的星球上去旅游一番,也是很有意思的嘛!现在只能通过望远镜去看,感觉不是很亲切。我发誓,一定要到那遥远的星球上去旅行一次,这将是我死后进入天国的第一个要求。"

时至半夜,有一股使人陶醉的浓郁香气,这是被盛开的接骨木花释放出来的,老教授坐在皮椅子里想着想着居然睡着了。

忽然,观象台的大门被打开了,头戴黑色的垂边帽子,身穿黑色外套的死神走了进来。他走近了老教授,说:"亲爱的教授,你的全身零件都已停止了工作。假如你同意,我们可以离开这个世界到你在下面观察了七十年的星球上去走走转转,在那里你会感到更加亲切。你还可以在那里对你的地球进行观测,你会发现,其实地球也是漂浮在天空中的一个遥远的行星。"

教授有一个和自己相处了三十多年的仆人克立斯辛。原本他也在椅子里打着瞌睡,此时忽然醒了过来。他不敢相信地擦了擦眼睛,这还了得!他眼睁睁地看着主人正在被死神带领着走上最后的一条路。

教授说:"克立斯辛,在这个世界上只有我每天和你作伴,假如我走了,你一个人可怎么过呀?你我相处了这么长的时间,真不忍心再分开了,不然你还是和我一起走吧!"

老仆人赶紧回答说:"太好了,我在想你一个人在天国里也没有办法生活,这可能是两全其美的办法。你的记性不好,东西放在那里经常忘记,总在寻找鼻烟、眼镜、雨伞、手帕等这些小东西,在外出散步的时候,经常把帽子、大衣忘在家里,能有我跟着是最好的了。我一个人留在这个世界上,也不知道该做些什么好呢!"

死神在一旁说话了:"我同意!这机会倒是挺好的,毕竟老克立斯辛的全身零件也要走不动了。"

"对吗!"老教授说着,在椅子上站了起来,在吸完一口鼻烟后,走向了门外。

克立斯辛大声喊道:"等一下,把雨伞带好,我们从此后就再也买不到新雨伞了。"

就这样,死神带着他们阔步出发,驾着狂风荣登到了天国。时间不长,他们就站到了天国的大门外,出来迎接他们的就是圣彼得。在把公事交接清楚后,死神打了招呼离开了。

圣彼得手捻着花白的胡须,说:"啊!非常失敬,地球上很有名的平方根教授就是你吧?"

教授摇着头,否认说:"不,不,我只是写了一本和平方根有关的书籍,平方根可不是我的名字!"

圣彼得拍着自己的脑袋说:"唉呀,实在对不起!瞧我这糊涂的样子,都分不清哪是你的名字,哪是你的著作了。那好吧,让我先给你找个每天可以看星星的地方住下来,跟我走吧。但有一点,其他教授那里你是不可以去的。这是因为时间长了肯定会发生吵架行为,吵架在天国里是不允许的。为了避免吵架，人们都有自己的居住地方，互不往来。嗯，为了不使自己只成为半个天使，我们先要拿一对翅膀，这在天国里是必需的，就是这里了，左拐第三个房间！"

教授叹了声气，说："天国我根本不想来，我只想做一件事！"

"你说说看，说不定我可以帮你实现呢？"圣彼得回答说。

教授接着说："你想呀，在地球上，我几乎花费了一生的时间来对其他天体进行观测。我此刻只想去参观一个非常遥远的星球。"

"哪个星球是你特别想去的呢？"

"我居住在一个距离太阳很近的星球，我现在想去一个距离太阳较远又和地球相似的星球参观一次，就好比是天王星！"

"唉！"圣彼得说，"这个地方温度特别低，一点也不好玩。但是人各有所爱，你的要求我不会反对，但要事先声明一点：凡人的身体零部件停止工作以后，要么下地狱，要么进入到天国，你现在已经停止工作了，所以，你此次去天王星，最长不超过四个星期。我们谁也无法改变，这是神的旨意。这个人怎么办？他也去天王星吗？"

老克立斯辛回答说："在温暖的天国里眺望外面的世界是我所期望的，但是我不能抛下主人一个人在这里享福。"

"那好吧，既然这样，你们去天国的大门边等候吧。待会儿会有个星球使者把你们送到想去的星期。他会在四个星期后再去那里接你们回来。那就再见了，噢，等等，你的雨伞不要忘记了！"说完话，圣彼得不见了。

忽然，一个看不见的手把教授高高举起，他的身体好像兜了飓风，耳边只有巨大的振翅声。教授忽然神智有些不清了，所有东西都看不到了，一切声音也听不见了，直到感觉到再次着地，他这才清醒了过来，有个喇叭似的声音在耳边响起："你已达到目的地，这就是天王星。拿好你的雨伞，再见！"

那个隐身的星球使者再次挥动自己的翅膀发出巨大的振翅声，飞走了。

刺骨的寒冷，这是老教授的第一感觉。只一小会儿，嘴巴周围结了一层厚

厚的冰柱，那是呼气造成的，血管里的血液几乎都要冻结了。教授非常着急，但也想不出什么办法，要暖和只有快速地奔跑了。但是他竟然一步也无法移动。全身的力气都用上了，也只不过挪动了一点点，自己的身体好像铅块一样，重得抬不起脚。

跟在他后面的老克立斯辛拿着那把青灰色的雨伞，脚步同样是非常沉重。他不得不停下脚步说："老天呀，先生，这个世界太悲惨了，我们是不是从天国来到了地狱，冰冷的四肢居然还如此沉重！"

"克立斯辛，这才刚刚开始，不要垂头丧气的！太阳到天王星的距离要比到地球大上十九倍，这里当然会比地球上寒冷。并且天王星的重量要比地球大上百倍，对所有物体的引力也会强很多，这就好比是大小两个磁铁的关系，这就是我们身体沉重的原因。这些都是合乎常理的，我之前也早就知道这些。"

克立斯辛大声说："真是合乎常理，脚肿得抬不起来，鼻子都要被冻裂了！"

周围是一片漆黑，只有天上的繁星在闪烁。向远处望去，没有任何的灯光，足以证明没有人住在这里。地面上空无一物，一棵树、一根草都没有，更不要说是人的踪迹。天王星的世界好像一切都灭绝了，人类早就不存在了。

到处都是反射着淡淡星光的耸立着的巨大冰块。厚厚的冰川早就把真实的地面埋在了下面。在这个星球上是绝对不会有液态的水存在的，因为这里的气温太低了。

伴随着地平线处的渐渐明亮，一个灰白色幽暗的月亮出现在他们的视线里。

老克立斯辛感叹说："老天呀！月亮竟然如此的不顶用，这样微弱的光简直就像是冒烟的油灯，真是个可怜的星球！"

教授忽然大喊："快看，那边又有一个月亮升起来了！"

"不错，竟然还有第三个，只是个头小多了，月亮在这里真是太廉价了！"

"假如在地球上用大望远镜观察这里，就可以清楚地看到这里有四个月亮。"

老克立斯辛自己嘟囔着："就是四个月亮合在一起，也赶不上我们一个正常的月亮。"

"住口吧!"老教授很生气,"首先,它们没有地球上的月亮大;其次,这里的太阳光已经非常黯淡了,被它们反射的光当然是十分微弱。你个糊涂虫,总不能想着这里的一切东西和地球上没有任何分别呀!你该知足了,这是别人想看都看不到的东西。"

受到上面三个月亮的照射,地面上的亮度渐渐增加了,但是一眼望去,还是空无人迹的冰天雪地。

老教授不再说话了,他心里默默盘算着。看来,是没有居民居住在天王星上的。拖着沉重的脚步,他们努力地向前挪动着,老教授忽然停下了脚步。一缕暗淡的光亮,在不远处的地下射了出来,极有可能是一盏灯正被深藏在地下或者冰下。

老克立斯辛也看到了这灯光。他们壮着胆子慢慢向着发光点移动。他们看到的没错,那里的地面上被铁栅栏围着一个井口一样大小的洞,一条明晃晃的金属梯子直通向地下,途中还有照明用的灯火。

克立斯辛高兴地说:"感谢老天!一定有聪明的人类或者比人类还要聪明的动物生活在这里,因为这里有灯火,有梯子!"说完他用眼睛斜看一下老教授,老教授却正在对铁栅栏进行检验,他想下去。

教授说:"只有从里面才能打开这个铁栅栏,不然就要硬生生地砸开。我考虑它是用来阻挡向坑里下落的石子冰块等。我敢打赌,一定有什么传送信号的机关藏在这周围,以便用来通知地下的人上来打开栅栏。天王星的人不可能永远呆在洞里不出来吧!"

克立斯辛赶紧说:"那是一定的,我们要赶快想办法进去才好,不然要冻死了,四肢就要冻僵了。一股在洞里冒出来的热气刚刚被我的鼻子闻到了,老天呀,这鬼地方太冷了!"

"不要吵了,"教授喝止了仆人的话,"我找到办法了。看这铁板,我考

第十四章 怪异世界

虑只要用脚踏上去,就会有人来打开铁栅栏。"

"真是个怪异的铁板,看这脚印就像是脚上生了鸭蹼呢!"

站在铁板上的教授已经开始用力向下踏了。没有他全身的重量压上去,是不可能踏动这块铁板的。好像是雾角的奇怪声音信号从洞里传了上来。不一会儿,声音就接近了洞口的栅栏处。

挠着耳背的克立斯辛嘀咕着:"呀,心里感到特别紧张,最好不要出现什么乱子!要是打起仗来,我们除了这把雨伞可是没有其他的东西了,这该不会取胜的。把那个长着翅膀的家伙叫来最好了,以备打败后逃跑。唉,当初真的应当留在天国里,或者留在地球上。永远都不会有什么大的乱子发生在那里,最多是窗子上的花盆忘记浇水而已!"

"安静些,糊涂虫,有人爬上来了!"教授小声地说。

一个模糊不清的黑色东西慢慢地在洞的深处爬上来。不一会儿,这个渐渐接近洞口的黑东西就被两位仁兄看清楚了,他们的脸孔都被吓绿了,克立斯辛的头摇得就像是风中摆动的树枝,头发立得像一根根的火柴梗,他用颤巍巍的声音说:"老天呀!太可怕了,真想找个地缝钻进去。爬上来的是个什么怪东西?不会是女巫大锅里修炼出来的野兽吧!"

教授轻声说:"嘘!嘘!这是可怕的天王星人!"

两个人已经可以非常清楚地看到爬到洞口的天王星人。

他的身材非常矮小,还不及地球人的四分之三。腰围臃肿,简直就像是生长着四肢的矮冬瓜。腿很粗大,和象腿一样。厚墩怪异的双脚犹如一张铅皮或者铅板。两条粗大的手臂突出在他的肩膀之上,两只手长着青蛙似的四个蹼趾。没有脖颈,脑袋的大小和身躯一边大,真是奇特的形状。像海豹一样黝黑的肤色。其中两个果盘大小的黑色眼睛是最令人害怕的。脑袋上只有一根长鼻子,没有耳朵,也没有头发和胡须。

教授和仆人被吓得倒退几步,天王星人也发出一声怪异的调子,好像是闷

他们都显得非常吃惊,静静地相互打量着对方

第十四章 怪异世界

住了的号角,他似乎也同样感到惊讶。

不同星球的三个人相互惊讶地注视了好久。和教授以及仆人看自己一样,这个天王星人看着两个陌生人外表生得也很丑陋,形体不对称。传递信号用的铁板被他用力踏着,洞里又有几个同样形状的天王星人爬了上来,他们把栅栏挤得满满的。他们都静静地站在那里,都非常吃惊。

之后,有一个天王星人从圈子里走了出来。有一块闪亮犹如金刚石般的石子佩挂在他的前额。他在一盏灯里分出了一缕光,把两个陌生人的脸照亮了,用一种音乐般的音调和教授以及仆人说话。当然,后者是根本听不懂的。

可是教授用手触摸着冰块,表现出一副颤抖的姿态,再用手指了指下面的地洞。天王星人明白了他的意思,他们自己对这样的寒冷也无法抵抗。头领把铁栅栏打开,带着所有天王星人和两个地球人走进了下面天王星人的世界。他们越向下走,温度越高,一个伟大的世界呈现在两个内心七上八下的旅客面前。这里就像是野獾的洞穴,里面分着不同的层次,每个层次里还有很多蜂巢似的建筑物。其中几个层次里还有相互连通的街道,所谓的屋子,其实就是街道两旁的岩石里凿出来的洞窟。街道上走来走去的天王星人密密麻麻地像是蜂巢里的蜜蜂,而他们所居住的洞窟就好像是蜜蜂的巢穴。

一条条狭小的街道被一种特别的人造光照得非常明亮,也有一些无声的小车子飞奔在几条街道上,所有的一切都十分整洁,空气很新鲜。

但是以上的这些是两位旅客在相当长的时间里才弄明白的。第一次,他们跟着那批人走入狭小并且没有人烟的洞里,等到了第一层,他们共同登上了一辆飞奔的车子。天王星的所有用具并非是为这样的大人物设计的,车厢非常低,两个人只能席地而坐。论身材,教授估计车里的人还不如一个地球上六岁的孩子,可是他们的体力却要好过地球上最强壮的人。

车子飞奔在长长的街道上,等到了终点,他们就像直升机一样向下沉了下去。他们又下降了几个层次,大约经过了数百码,车子在佩戴闪亮耀眼宝石的

人吩咐下转向一条大街。和之前比较，目前的这条街道要宽阔很多，很多华丽的装饰被悬挂在岩壁上，上面还有怪异的记号。过了不一会儿，在一处装饰严肃、灯火通明的地方，车子停了下来。等教授和仆人走出车子时，围拢过来的天王星人群发出奇怪的叫声，以及混乱的说话声，如此喧哗的场面就像是千万只号角同时吹响一样。教授此时刚刚看到第一批女人。滚圆滚圆的身形比男子更矮，她们披了一件件奇特耀眼的长袍，给人的感觉就像是用五彩的玻璃作原料编织成的一样。两个形状怪异的客人把她们吓得赶紧转身回避了，一种古怪的叫声从她们长鼻子下面的嘴里发出来。

克立斯辛大叫："噢，真吓人！如此丑陋的女子，即便是给我一个国王的地位，这样的女子我也不会要的！"

所有人被佩戴宝石的人吩咐着把道路让开，人们都执行了这个人的命令，接下来，教授和仆人被带进了天王星人政府办公的地方。两个人被带领着穿过几条明亮的甬道，来到了一间大厅。在那里，厚实而柔软的席上坐着穿着华丽的天王星人。他们都是高级的官吏，额角上都佩戴着亮闪闪的宝石。天王星的国家领袖就坐在中央，一个别致的耀眼皇冠就戴在这个人的头顶。

教授和仆人被带进去后，他们的长相也使得里面的人吃了一惊，他们不住地摇头晃脑，高兴地进行探讨。先是那个守卫栅栏的人把如何发现两个陌生人的情况，做了一个详细的汇报。随后两个人被领袖叫了过去，教授终于找到一个可以解释自己的机会。

教授在路上就对克立斯辛说："这里的人肯定了解星球的事情，他们一定有天文学家，因为他们掌握了街道、公路、灯火和衣服等。我可以使他们很快地了解我！"

一支铅笔和一张白纸被教授从口袋里拿了出来，他把诸如猎户座呀，大熊座呀这些星星全都画在了纸上，在天王星上看这些星星和地球上是没有什么区别的。瞪着凸出的大眼睛，全神贯注地看着这一切的天王星人，忽然用长鼻子发出一种惊讶的声音，他们明白了。他们用手指着屋顶，也就是天空。头戴皇冠的人传进一个侍卫，吩咐给他一件事情。

教授转身对自己的仆人说："克立斯辛，我可以向你保证，他们马上就要把一位天文学家请到这里来。我们来自其他的星球，他们已经明白了！"

仆人回答说："这里简直就是个号角的音乐会。如果我把《何日君再来》这首歌唱给这些瞪着水果盘似的眼睛的家伙听，他们也会以为这是我们的语言呢！"

房间的门在此时被推开，刚刚接受命令的人带着另一个人走进来。那人的岁数一看就知道已经非常大了，一副如同眼镜的东西就戴在他朦胧般的眼睛上，数千条的皱纹长满了他海豹似的额头。他驼着背走了进来，手中还拄着好像是拐杖的金属棒。

老克立斯辛说："呀！他肯定是个教授或者天文学家之类的，这一点我可以保证。在各个星球上，我想搞研究的这一套都是大同小异的。但是我想他的这个大眼镜不会像你的一样，随处乱放，要么放到信封里，要么放到糖缸里，他的太大了，要放错了很不容易。"

那个戴眼镜的人在这个时候已经和领袖人物行完了礼。对于外星人降临的消息，他显然早就听说了，因此他转身就直勾勾地看着教授和仆人，似乎是看着十分罕见的甲虫。他上下摇动的长鼻子好似跷跷板，一种奇怪沙哑的声音随即发了出来。

教授忽然向他展示出刚才自己所画的星空图，这张图立刻被那个天文学家认了出来。他感到太奇怪了，转身把一些话告诉了他身后的同伴。教授想告诉他们，自己和仆人是在其他星空来到天王星的，他一边指着星空图，一边指着自己，用了各种不同的办法加以说明。天王星的天文学家跑到外面，把一个金属箱子搬了进来。一些画有红色图案的金属薄片堆满了箱子，这些像是天文图。他抽出了其中的一张给教授看，上面画的是太阳系，八颗大行星围绕着中间的太阳。教授像是指了指周围的人，又指了指图上的天王星。房间里的人都做出了一种听懂了的姿态。随后教授又指了指挨近太阳的地球，接着指了指自己和克立斯辛。

教授的意思被天王星的这个天文学家弄明白了，他以一种惊奇的声音，把这两个怪异的东西是在紧挨着太阳的温度较高的行星来的这一信息传达给了他的同伴。他还说，地球距离这里很远，非常小，即便是用最好的望远镜，在这里也很难看清楚地球。

这个天文学家和教授都希望能够相互增进了解，用手比划了好长时间，但是克立斯辛感到饥饿难耐，他真盼望有人能明白他的意思，他一边用手指着自己的大嘴，做出吃饭的架势，一边不停地揉捏自己的肚子。

"我这个主人简直是太忘我了，吃饭都不记得了，是不是非得等到饿死才可以呀！"他有些埋怨地说。

人们都站了起来走出去。街上已经没有人了，睡觉的时间应当到了。他们把教授和仆人领到了一间暖和的卧室中，里面的床上铺着柔软的兽皮垫子，家具都十分另类。这里的招待员送进来好多的食物，这些食物都被盛放在金属盆里，用手一摸都感到特别的温暖。这并非植物，但是味道还可以，就是太肥腻了，教授和仆人都这样认为。

招待员们等两个人吃饱了肚子，全都退了出去。两个人马上一骨碌躺倒在了舒适的床上，开始对这次奇特的经历大谈阔论起来。

克立斯辛没有睡帽是无法入睡的，因此他拿出包袱制作了一顶睡帽，与此同时，他向教授问道："先生，真想不通，怎么这些天王星人长得如此丑陋呀？还记得我早些时候和你去非洲，在那里看到了一只巨大威猛的蜘蛛蟹，在当时噩梦就惊扰了我一整夜。看来今夜噩梦又要侵扰我了。"

教授摇了摇头，说："克立斯辛！你什么时候能够变得聪明些，怎么说我也算是个学问渊博的人，你也跟了我三十多年了！在天王星人看来，我们的长相也是其丑无比的。你要牢牢记住,所有生物的身体器官,都是自然赐予并与之生存的独特世界环境相匹配的。这就好比是为了捕捉食物,食肉的野兽都具有灵敏的嗅觉;为了能够在天空中飞行,鸟儿们都长着美丽的翅膀;为了能够在水里生存,鱼类有拨水的鳍,呼吸的鳃等。说到天王星人的长相问题,克立斯辛,太阳只把微量的光和热射到了天王星上,所以这里超乎寻常地黑暗和寒冷。为了更多地摄入光亮,这里的人当然要有一双特别大的眼睛。我们在摄影时,假如遇到的景物光照不好,就要将光圈放大,和这是同样的道理。你难道没有察觉到我们说话的声音很大吗?这是因为这里的空气密度很高,有着非常高的传递声音的能力。因为这一点,大自然就不再把耳朵这样的身体器官赐给天王星人了,他们根本用不着可以把声音再次增强的耳廓。"

"可是先生,他们为什么长了这样的一个长鼻子呀?总不会和动物园里的大象一样,用这个把地上的铜元捡起来吧,有一次,你的雨伞把都被大象鼻子卷了去呢!"

"生物的视觉假如不是很好,当然就要有一个好鼻子。动物长着一个长鼻子,说明他的眼睛不是特别的好用。天王星人的眼睛虽说很大,可是在这昏暗的天王星上仍是不十分好用,长鼻子是他们缺少不了的身体器官。另外,我们也可以很好地解释他们的身体为什么又矮又胖,周遭长了厚厚的脂肪。好好想想,和我们一样身体瘦弱的人,都很难抵抗寒冷,为了抵御风寒,北极的爱斯基摩人个个都身体肥胖,喜爱食肉。用心思考一下这些事情,每一个身体器官都有在生物身体上存在的理由,你自然很好明白了。再者,这里的人们都有强健的身体,原因是:天王星上的物体受到的重力要比地球上大,在这里,做任何事情都要比地球上多耗费很大的力气,比如挪动一块石子,走几步路,或是其他什么工作等等。就因为这一点,他们就被自然之母赐予了强壮的身躯!"

"瞧,任何奇特的事情,我们只要开动脑筋,就可以想得很明白,只要再多住些时日,我们就可以了解得更多。但是我可以大胆地肯定一件事情:这个

星球昏暗，还冻结了厚厚冰层的表面，是没有人居住的。好在这个星球的地下还是温暖的，深深的地下温度比较高的地方，就成了他们建设城市的唯一选择。我们都很明白，地球上的矿穴温度越是向下就会越高。这个道理也用于这里。我们明天一定要好好了解一下。"

"等到明天白天，有了太阳的光照，温度上升了，或许我们就可以到地面上去了。"

"亲爱的克立斯辛，要等到白天，恐怕是世界末日了，起码还得二十年，其实这里的白天太阳依然十分昏暗，根本比不了地球上的白天。大概是地球年的四十倍的白天和夏季，加上四十倍的黑夜和冬季，构成了天王星广阔世界的日子！"

克立斯辛感叹道："天晓得，这个星球真是个令人发狂的星球！以你的说法，四十年的黑暗，这里居住的人岂不成了整日里躲在黑暗洞穴里的泥鳅。随后就是四十年的白昼！唉，我是无法在这样的世界居住下去的！如果有人在黑暗的开始出生，等到四十岁不幸身亡，岂不是一辈子没有见过白天。那懒惰缓慢的树懒，倒是非常适合这里的漫漫长夜！"

"唉！克立斯辛，天王星人都已经学会了利用人造光生活在地下，那么为了区分休息和工作，他们就必然会人为地把这漫长的黑夜划分出一个个便捷的段落。事实证明，我刚刚说过的话是正确的。这里和天王星的南极比较接近。天王星绕行太阳一周要八十四年，所以这里的南极面向太阳的时间是四十二年，之后还会有四十二年背向太阳的时间。我们现在是距离南极比较近，并且正处在背向太阳的四十二年里，因此，我们只有去另一个半球旅行，才可以看到太阳，看到环绕太阳的地球。明天，那个天文学家和一个高级别的政府官员带我们一起去，这些是我们已经商量好的。我们现在就是要踏踏实实地睡一觉。我都要累死了，克立斯辛。"

两个人因此躺好准备睡觉，房间里的灯光恰在他们跌入枕头的时候熄灭了。

第十四章 怪异世界

过了许久，一阵奇怪的音乐声把教授和仆人吵醒了。这声音不间断地响了三分钟，它传递到了整个的天王星世界。这是一种信号，它预示着新一天的开始。就在他们起身的同时，房间里的灯也亮了起来。

克立斯辛在床铺上起身后，就在房间里转了一圈，用他的话说是"发现之旅"。他心里非常高兴，因为他们要用的东西一件也不缺。在隔壁的房间里那个从岩石壁中开凿出的浴盆中，温暖的水流在不停地向下流。在后面的房间里，还有一个小桌子放在一个铺着席子的地面上。我们的两位同胞都要弯着腰，或者屈膝在这地下走路，很不方便，这主要是因为天王星人的身材都比较矮小，并且开凿道路和房间等工作又非常艰巨，因此所有建筑的空间都很狭小。再有就是，两位地球居民不得不入乡随俗地适应天王星人坐在地上吃饭的习惯。他们对于席地而坐吃早餐的习惯倒也觉得可以。一种好似奶茶的流质被放在一个大杯子里，然后在热水里温着。还有很多热腾腾的小馒头被放在一个金属壳子上，同样用热水温着。对品尝到的美味，克立斯辛不住地夸赞着。

教授嗅了一撮鼻烟，说："在这个世界上，热水好像可以用在任何的地方，它就像是一种万应剂。"

一旁的克立斯辛有些不高兴地说："我的烟斗忘记带来，实在令人感到惋惜，先生，我离开了烟，做任何事情都没有精神，能不能给我一点鼻烟呀？"

"大概是为了空气清洁吧，这里的人好像是不抽烟的。"教授说，"新鲜空气在地下是来之不易的。那个在屋顶缺口处旋转的东西你看到了吗？它应当是通风设施。通风的管道就通向我们从地面进来时走的地方。"

一个门上的红灯忽然亮了起来，随后天王星的天文学家和另外一个人走了进来。来的是个高级政府官员，因为他的头上佩戴了三颗宝石。作为对客人的敬意，在光秃秃的头上，他们用手指轻敲几下，随之发出一种酷似尖锐的喇叭声的声音。教授和仆人也极力地模仿他们的动作算是回礼，这下原本头顶光秃秃的老教授倒是显得十分省力。大家在经过相互的问候，比如：吃得是不是可口？休息得是不是安稳等问候后，就准备开始北半球的旅行。可是老教授居然忘记了原本就架在自己鼻子上的眼镜，他找了好一会儿，最后克立斯辛发现了这个问题，老仆人不停地唠叨说："你好像一夜都没有摘下来嘛！"收拾妥当，他们一起出发了。

有一辆特别为他们长途旅行准备的专用小车子，它的速度很快。在向着北半球行驶的过程中，他们时而深入地下，时而高速前行，总是寻找着最便捷的道路。车里的天王星人利用手势和图画详细地为他们介绍了这个奇特的世界。

从天王星人的介绍中教授了解到：地表由于长期的黑暗，而且温度很低，无法发展高级的生活，所以现在已经没有人住在地面了。现在就温度和光亮来讲，地面上最顶点的应当是赤道地区。远古时代，就在这个星球曾经温暖的时候，应当有人居住在那里，因为之前有一些头骨在那里被发现。当时地壳就像是被大火烘烤着的盘子一样，因为当时的地火还是荧荧燃烧在距离地壳很近的地方。到现在，只有为数不多的皮毛十分厚重的动物仍然居住在那里，维持它们生命的就是地底的苔藓等植物，但是这种植物的保有量已经非常稀少了。

经过几千年的地下生活，一个个相互叠加的城市不断被天王星人建设出来。气温随着地下深度的增加而增长。空气的流通互换是通过大唧筒和向上连接的坑道实现的。地下机械的动力是由水蒸气提供的，水蒸气又是通过连接这地下城和温度接近沸点的地方，从那里的泉湖中的水流入坑道形成的。一些日常用品都是被岩石里发现的金属制成的。人们穿的衣服是通过对岩洞中生长的像是毡呢般的地衣进行纺织加工而得来的。住在岩洞里的奇特的动物，大多也长着厚厚的毛皮。可供人们食用的玉蚌等水生动物同样生活在温度适中的湖里。人类虽说是依赖习惯的动物，但是这里的生活环境和地面上没有什么区别。

教授暗暗牢记下了天王星人叙述的一切。他特别兴奋地盘算着，等回到天国，他要将这里的一切写成一本书。有机会还要把这书送往地球，好让同事们都羡慕一番。

　　为了排解旅途的寂寞，教授同样把地球上的情况用手语和图画告诉了天王星人。途中穿越了很多的地方，很多的矿山，其中也有巨大的岩洞，经常有一些湖泊隐藏在岩洞之中。轨道上的车子不停地前行，有一次他们的车子经过地心深处，把两位地球同胞热得头晕目眩，坐也不是，站也不是。克立斯辛哀叹说："老天呀！活了近一辈子，难道还要被当成鸭子烤熟了吗？"

　　几天的旅途生活结束了，目的地终于到了，天王星的政府官员等他们一下车子，就邀请他们去星球的表面。北半球到了，在这里就可以看到太阳了。穿上厚厚的皮衣，人们从一个坑道里陆续向上走。温度越来越低，铁栅栏到了，星球的表面再次呈现在人们面前。

　　错不了，这里是白天，还是夏季！但是这里的白天和夏季也太另类了！铺满冰层的大地被一圈灰蒙蒙的微弱阳光笼罩着，就是地球上的月明之夜都可以当成是这里的金光闪耀的世界了。点点的繁星悬挂在天空中，一个亮度尤为明显的闪耀明星悬挂在地平线附近，那就是太阳！

　　教授拿自己的雨伞指着那个闪亮的明星激动地说："美丽的太阳就在那里！它的附近就有我们的地球！"

　　克立斯辛有些难以置信地说："不会吧，我们巨大的太阳怎么会变成这个样子呀？我们的地球又在哪里呀？"

　　"地球和太阳的距离太近了，已经被太阳的光遮掩起来了。想要发现它必须借助于大型的望远镜！"

　　天王星的天文学家招呼他们，又向前走了一段路，为他们事先架设好的望远镜就在那里。它是用金属制成的镜片，样子看上去和地球上的也有很大的区别。天王星的天文学家为了寻找地球，把望远镜对准太阳，认真调节了好一会儿。

　　随后教授被拉过去，地球，那个微微颤动的小亮点出现在了望远镜里。

看完之后的克立斯辛失望极了:"呀,我们的地球就是这么一个小光点吗?和我烟斗里蹦出来的小火花没什么两样呢!天晓得,我们的地球就是这个样子的吗?我还想着可以看到我们的房子,窗户上的几盆花,还有我们的观象台呢!那些花不知道现在怎么样了?是不是枯萎了?"

"没错,那就是地球。"教授肯定地说。

"唉,真的好想念地球呀!那里有火炉,我可以把你的鞋子放到上面烤一烤,还可在花园里吸烟,对小学生们在猫尾巴上绑上旧锅子进行阻止。"

半空中忽然有个"呼呼"疾驰的什么东西,在天空中发出号角般的呼唤声。这把两个天王星人吓得不知如何是好。他们用长长的鼻子惊慌地伸向空中嗅着,他们的眼睛像子弹一样凸出,还不停地滚动着。随后,他们朝着坑道逃命似的飞奔过去。

空中的呼唤声仍在继续:"地球的孩子,你们的时间已经到了,现在在哪里?"

一边的克立斯辛贴近教授耳边小声地说:"听见没有,这是天使约翰的声音,他是接我们回天国去的。"

教授急急地说:"但是,我不想回天国去呀!"

教授的肩膀忽然被一只巨大的手掌抓住了,雨伞被惊慌中的他扔到了地上。他的周围忽然出现了一团刺眼的亮光。他奇怪地把眼睛睁开了,并且不停地大喊:"我不要去天国!"

身边的老仆人嘻嘻地笑着说:"你难道想要去地狱不成,先生?"

"胡说,我还要在天王星上继续居住!"

"在天王星上?——你什么时候去的天王星上,先生?"

"你个糊涂虫,克立斯辛,怎么如此糊涂!你难道忘记了我们现在就是在天王星上吗?"

"我们现在根本就是在地球上呀,这一点我可以保证!"

"这是真的吗？你为什么会来到了地球上呢？"

"和你是一样的呀！由不得自己选择，就在某年某月某一天，我们被母亲送到了这个地球！不过，先生，我有些担心你，你该不会是神经错乱了吧？你刚刚的大声喊叫，把在房间里熟睡在床上的我都吵醒了。我跑出来发现，在望远镜旁边的你已经睡着了。太阳就要出来了，天快要亮了。你是不是做了个混乱的梦？"

"这是一个梦吗？居然是一个梦！雨伞不会被我落在天王星上了吧！"

"先生，门角落里放着的不是你的雨伞吗？"

"噢，"学识渊博的老人说，僵硬的四肢好不容易站立起来，"原来这就是一个梦！"

他摇摇头，又擦擦眼镜，进房间睡觉去了。

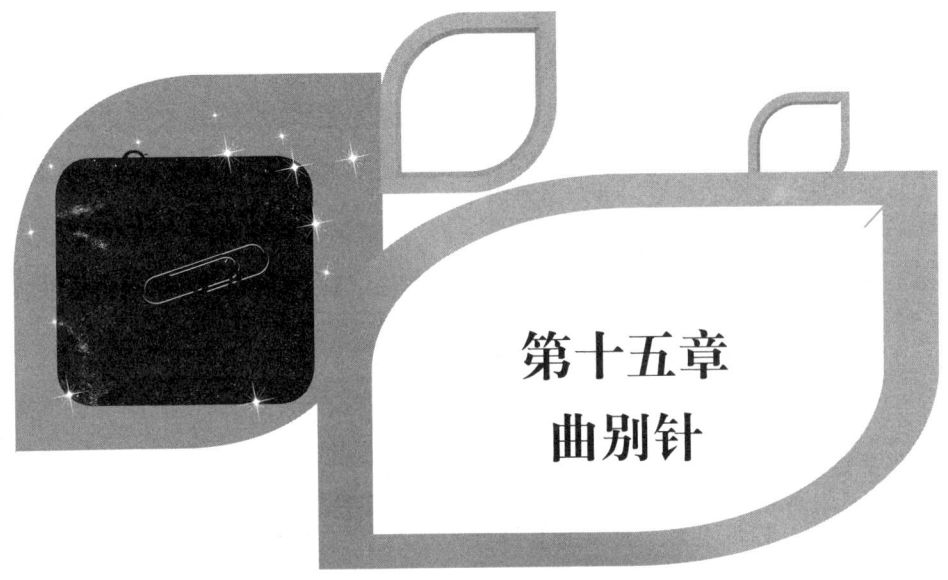

第十五章
曲别针

有块彩色的小丝巾总是被老乌拉·波拉围在脖子上，上面别着一个大曲别针，不管是春秋冬夏。上面的这个曲别针很奇特。有一次老人找不到它了，特别着急。这个曲别针应当很值钱才对，可是上面镶嵌的既没有珍珠，也没有钻石，曲别针的材质非金又非银。曲别针的一端是一块黑石子，大小像个樱桃核，表面非常粗糙，很不起眼。它应当是有着曲折的来历，我和小伙伴们经常盯着这个曲别针发呆。对于隐藏在这个曲别针中曲折的经历，我们一致认为，老人终有一天会主动和我们说起的！

我们有一次在他那里做客时，不经意间帮他找到了这个被他弄丢的曲别针。我们一起对他说："乌拉·波拉，就在紧靠花园的窗户边那里的草地上，我们找到了被您弄丢的曲别针。我们能够找到它这也是一种巧合，这还要谢谢在它上面跳过的一只青蛙。您为什么总把这个镶嵌着丑陋石子的曲别针看成宝贝似的，现在是不是该和我们说一说了？我们所有人一致认为，这会是个很动听的故事！"

老人把一大撮的鼻烟从鼻烟壶里倒了出来，然后对着我们悠然一乐。

他大声地说："你们这帮小淘气，我真以为你们为了听故事，故意把曲别针藏了起来，等着和我说这样的话呢！但是，这些已经不重要了，我既然又重新找回了我的曲别针，当然要对你们表示一下感谢。这个曲别针来自一个非常遥远的地方，虽然在你们的眼中，上面的石子没有任何的价值，但有关它的故事，其曲折程度要远胜过《天方夜谭》。它的家既不在海底下，也不在矿藏中，山顶上更不会找到它的身影，人工制造也不可能，总的来说，地球上是生不出它的。它在很久以前，漫游的空间距离我们的地球、月亮，甚至其他行星都十分遥远。它在那里漫游了数千年的时间，最后穿越过遥远的宇宙空间来到了我这里，通过细心观察这个丑陋的东西，我们并不能看出它的来历，对不对？你们此刻要听好了，有关它的历史和所有故事，我这就慢慢讲给你们听。"

老人在椅子里坐正了身子，把自己的长烟管点燃了，然后开始讲故事。

那是在1690年的时候，这个小城镇尚处在沉沉的酣睡之中，唯一清醒的就是陪伴着寒冷的冬夜静静守望着这个城镇的守夜人，他正在对城镇里可能发生的火灾或其他的不幸进行值班看护。他就坐在高高的教堂钟楼里。天空中挂满了光彩照人的星星，数量足有数千颗，面对这些星星，老人是非常熟悉的，主要是由于他孤单单地坐在那里时间太久了，他一直都为这个广大的世界和生活在这个世界的人们担心着。

忽然，他在天空中看到了一种从未看到过云层，它还散发着淡淡亮光。

这云层在第二天再次出现了。一周后,这云层的亮度增加了,个头也增大了,形状也发生了巨大变化。守夜人总算明白了,这是一颗彗星,它正在缓缓地飞近地球。

一个独特明亮的星星慢慢在云层里升起来,在遥远的天空中,其余的星星亮度都没有它的大。一条奇特美妙又微微发光的尾巴拖在它的后面,这便是彗星。它和地球的距离越来越近,个头也越来越大。闪亮的光芒被它射了出来,它的尾巴更加巨大了,像是一根巨大的棒槌横挂在了天空中,整个的天空都要被它横扫了!

如此稀奇的东西是人们都没有见过的。所有星星的光芒都被它的灿烂遮掩了,整个的天空都被这个众星之王占据了。天色稍暗,街角上和城外空旷的原野上,挤满了成千上万的人,他们都是来观看这个彗星的,真是一大奇观呀!

街角处的人们个个都表现得很激动,他们窃窃私语着:我们的天父把这样怪异的天象——火光四射的棒槌悬挂在天空中,他是要说明什么问题吗?

彗星的尾巴继续在加长,亮度依然在增强。街上的人们开始感到惶恐和忧虑,有的把这当成是上帝正在生气,因而浑身颤抖。

一段时间后,一个从远方来的修道士,从城中来到了这里。他表情严肃,灰白脸上的一对黑色眼珠透露出的全是忧郁。他穿了一件灰色的衣服,用一根麻绳别在腰里,顶着秃头穿过大街。人们在晚上又出来观看奇特的彗星,却看到在城门口的大石块上,修道士正高举着双手指向那闪着光芒的彗星,大声喊着:"善男子,善女人!在天空中发着光的怪星,你们可曾看到?它是被我们的天父派来的。你们可曾看到,高举火棒的神正处在震怒当中?上帝是来惩罚那些做了出格事情的人来了。抢劫其他人物品的事情,你们是否做过?身为经商的人,你们是否制造过假的文书?是否欺诈过顾客?杀人越货的事情是否在这寂静的街道上发生过?十诫里曾经告诫人们,要孝敬自己的父母,都有谁照着做了?你们渐渐冷落了教堂,偏离了救世的道路。你们放纵淫荡的生活是对于永生上帝的背叛。对于他的爱你们回绝了，被你们惹怒的他正发着大火向这里赶来。世界上最最可怕的彗星被他派到了这里。只因为你们把救世主遗弃了，对上帝进行了辱骂，因此，饥荒、瘟疫、火灾、杀戮、战争等被他带领着一同来对你们进行访问，他要把这个世界一同毁灭。在这即将到来的最后时刻，他要惩罚所有邪恶有罪的人，他要报应来到他们身边。世界的主的审判已经开庭，你们都做好准备去迎接吧！彗星再有几天就要撞击地面，它的长长的尾巴送给人们的是火灾和灭亡。"

站在那里的修道士如同一个外来寻仇的人，他说这番话的时候，整张脸都变成了灰白色，在彗星的照耀下，就好似一个幽灵。迎风飘动的灰色修道服紧紧地裹在他的身上，右手里是亮晶晶的十字架，两只手臂一直伸向空中。所有的人都跪下来祈求祷告着。同来的时候一样，这个修道士随后又悄悄地溜走了。可是在人们的记忆中，他严厉的谴责，庄严的神气，灰白的脸庞，总也挥之不去，一直驻留了好多的时日。他的严厉说词更是驻留了数十年之久。

到了第二天，教堂里集聚大量结队而来的人，他们都肃静地在里面祈求天父不要把这个世界毁灭，把可怕的彗星支走。教堂里的钟声今天敲响得特别频繁，这是从来没有过的事情，整个的教堂都被风琴声和赞美诗的声音震撼了。

也有很多的人在这一天失去了常态，"审判日就要来了，全世界就要完了，"人们说，"忏悔已经迟了，不要再耗费时间了，此刻除了死亡、除了毁灭，再没有别的路可走了，谁也无法逃脱，不分愚智善恶，所有一切都会被彗星带走。让我们逍遥快活地度过最后短短数天吧，世界就要全部灭亡了，辛勤劳作还有什么用处呢？"

铲和斧头、尺子和针线、镰刀和铁锤都被他们扔在了一边，剩下的只是不分昼夜的大吃大喝。琴声、笛声、箫声充满了四处，人们跳舞跳到仰翻在地。这些人受到信奉神灵的人的阻止，接着就发生了斗殴流血的事件。守夜人也参加了争斗，他还拿着自己的棍棒。被彗星照耀的沉寂寒夜，被风琴的演奏声以

及跳舞的音乐声打破了,到处都是叫骂声、祷告声,以及人们的呐喊声。

不错,没有人能够对这样混乱的结局进行预测。就这样,针对此次骚乱,以及民间的疾苦、恐慌、争乱等情况,选帝侯①特别召集会议进行讨论。为了对天灾进行预防,让民心有所安定,选帝侯特地请来了聪明的教师以及教授,共同列席会议。

对于彗星有着独特见解,并且对于它是否会和地球发生撞击,地球是否会被毁灭的情况做出预测的,国内最具盛名的天文学家也被应邀出席会议。

天文学家发言说:"彗星是不会撞击地球的。修道士的话只是要对那些犯有罪行的人进行恐吓,把他们引诱上信奉神灵的道路罢了。"

也有的人反驳说:"可是彗星明天就会和地球发生碰撞,并把一切都毁灭掉呀!"

天文学家大声地驳斥:"不会的,彗星和地球的距离要比月亮远上十倍,它现在已经距离地球越来越远了,它接下来会慢慢变小,逐渐变得暗淡,最终将消失。"

选帝侯的顾问官依旧不解地问,"这个奇怪的东西到底来自什么地方?哪里又会是它的最终目的地呀?"

天文学家解释说:"各位,彗星已经绕着太阳飞行了无数的世纪,它的轨道长度没有边际。它参见太阳一次,大概要一百五十年的时间,每当这个时候它都会经过地球。在上一次,也就是一百五十年前它来的时候,人们同样以为世界就要毁灭了,可是今天我们的地球还是好好的!对于我刚刚说过的话,各位可以到历史书上去验证一下,上面是有记载的。"

选帝侯命人找来了古代编年史和历史资料,证实了天文学家的话是无误的。但他依然不肯放松:"可是你还是要告诉我,对于我们,彗星到底是否有害?

---

①德国在中世纪的时候对皇帝有选举权的诸侯。

聪明的教师和教授被国王召集在一起开会讨论

它到底是一颗什么样的怪异星星？"

天文学家解释说："我尊敬的选帝侯，它其实就是大批的石子。石子中的多数不及一颗豌豆大，可是也有的像车轮大小。在与太阳距离较近的时候被高温灼热的石子会发射出来一种高温发光的气体，它尾随在石子的后面就形成了一条奇怪的尾巴，如同煤火上面的烟雾。可是在距离太阳比较远的时候，彗星明亮的尾巴就会消失，因为石子的温度降低，发光的气体就会消失！"

选帝侯又说："你说得似乎特别合理，但是我现在首先要使民心得到安定。我们不久就可以验证你所说的是否正确。把你们召集到此，就是为了对你们的成绩进行考验。我发放薪水让你们专心钻研了许多年，如果你们没有说真话，终将要受到惩罚。现在你们可以回去了。"

天文学家深施一礼后走出了皇宫。选帝侯命人在所有的城市都张贴上天文学家有关彗星做出的报告，以此告示人们踏实地生活，安心地工作。地保要对那些吹箫的人、斗殴的人、跳舞的人、不勤劳的人，抓来重罚，打一顿屁股。不错，选帝侯对于犯了上面说到的几项罪名的人，都给出了最严厉的惩罚。

很多人因为这颗闪亮的彗星被打了屁股，可是毕竟终止了彗星引起的祸端。彗星慢慢变小了，亮度变暗了，最后在空中消失了，变为一朵小小的云。

天文学家说的话被证实是对的，因此得到了选帝侯的嘉奖。为了帮助天文学家以后观测星星更加清晰，选帝侯命匠人造了一架更大的望远镜给他。

这是一位廉明公正的统治者，说到就要做到。

彗星的运行当然不会因此而停止。对于这次对人类造成的惊吓，它当然是一点也不知道。它以超越最快的鸟的上千倍速度飞离了太阳和地球，再次飞入阴冷的太空中。

它离开我们的距离比月亮还要远上数万倍，完全消失在了我们的视线里，即便是天文学家用了地球上最大的望远镜，还是发现不了它的踪迹。

在很多年以后，这颗彗星在非常遥远的地方遇到了一个比我们居住的地球

还要大上数百倍的星球。

啊,彗星可以在天空中飞行,这是一件多么奇妙的事情呀,假如我们也可以像彗星一样,那真是太美妙了!想一想,我们人类永远都不会看到彗星所看到的一切。当它飞近那个沉寂的月球时,它会左顾右盼,在深深的火山口中寻觅,看看是否有生物生活在那里,但是除了高高的岩壁上照射的太阳光,别的什么也没有。这位飞行着的旅行家又来到了太阳旁,它看到了翻滚的火焰,四散喷发的火舌高达几十万千米。它对地球也充满了好奇,它看到在非洲沙漠里骑马狂奔的游牧人,他穿了件白色的斗篷,它还看到在北极附近的雪堆里行走的白色北极熊。地球的自转造就了白天和黑夜,太阳照耀下的绿水青山,也都被它尽收眼底。它在之后遥远的旅行中还遇到了其他星球,这些星球同样是在绕着太阳这个大火球旋转,它们就像网球一样圆。总的来说,它看到的星球都有着不同的景色,星球的大小也都有着很大的差别。一些星球上有形状怪异的生物生存着,也有的星球上早已绝迹了各种生物,在有些温度较高的星球上,生物根本还没有产生,假如住在这样的星球上,会被烤成熏鱼哪。

在天空中自由飞翔的彗星居然能够看到这么多的东西,真是太有趣了!

被彗星遇到的比我们地球要大数百倍的那个星球,有一层云雾包围着,还有很多的月亮环绕它飞舞。

好奇的彗星不断地向这个巨星靠近,再靠近,差点就和它的环发生了接触。

冲着那个大家伙,彗星打招呼说:"你好呀!"

"离远些,不然就要出乱子了,你这个多事的气袋!"旁边一个大声嚷嚷着。

但是来不及了,只听"轰隆"一声巨响,四散的火星被它们的碰撞迸发出来。彗星被这个体质坚硬的巨大星球撞得粉碎,由此而被分散的石子和沙尘组成的云雾,一直都在天空中示威游行呢!彗星因此结束了自己闪亮光明的时代。这个曾让全世界的人们称奇赞叹、恐慌发颤的家伙,从此只能小心翼翼地在空中流浪着,再没有了昔日的华丽姿态。

经过了一百五十年的长途旅行后，彗星再次回到了太阳系。为了寻找它，天文学家眼睛都要看花了，大望远镜上的透镜被他们换成了更大更好的，但是这位自遥远地方归来的客人终究没有被人们发现。人们议论着："这有些不正常，我们之前总被它庞大的身躯吓得发抖，总怕整个世界都被它毁灭了，但是此刻我们却看不到它了。"没有人知道这个天空中的流浪汉曾经经历了什么，它现在体质很差，星空中飘着的它毫无神采，就像个拖着绒拖鞋踱着方步的老人。

每天都在望远镜旁守候的天文学家，鼻子都被冻青了，他喃喃自语着："依照惯例，它明天该是距离地球最近的时候，几乎可以撞上地球，但是它到现在还不现身影，它真的失踪了！"

你们知道吗？孩子们，当时与你们同样年少的乌拉·波拉为了寻找这个彗星，也对天空进行着注视。他就在彗星和地球距离最近的那个晚上，站到房间外面去看星星。冬天的夜晚非常寒冷，天空中耀眼的繁星好似数不清的金刚石碎片。有好多的流星忽然在半夜里飞过，数量在开始时并不太多，但是逐渐增加，最后每小时飞过的数量达到了数千个！

天文学家大喊："快看呀！它总算是回来了！可是，它为什么会破碎成这个样子呢？如此一飞而过，从此消失。"在穿入地球大气层的过程中，这些彗星粉碎后的沙尘和石子经过摩擦生热，燃烧发光，全都气化了。没错，这美丽的焰火是圣彼得的义演，不收钱的，参观的人一律免费！

高空中飞过的也有比较大的石子，它们像火箭一样发出的光是红色和绿色的。瞧呀！忽然垂直落下一块巨大的石子。"轰"的巨响一声，它砸到了地面，数千朵耀眼的火花被它崩裂而出。只听"砰"的一声，好似枪弹在飞行，眼前一现，随之又"扑"的一响，路边的一棵老树被它击中了！等我跑过去，这些从彗星分裂出的小石子就赫然躺在那棵树下厚实的雪堆里。这些小石子被我捡了回来，特作为纪念品。

这个被镶嵌到别针里的就是其中一个，你们跑过来认真看看吧。这是不是个特别的故事呀？在几百年前，地球的人们就曾被它吓得不知怎么办才好，这其中就有它的存在。在遥远的星际空间，它曾经尽情畅游，参观了月亮、太阳，以及其他星球上的所有景致，最终在高空中坠落到地球上。它要比这世界上的任何石子都有阅历呢！

乌拉·波拉的故事完了。小伙伴们齐声问道："乌拉·波拉爷爷，你说的都是真的吗？这真的就是组成彗星的小石子吗？"

老人有些生气："你们这帮小兔崽子，乌拉·波拉什么时候讲过假话？这从天上掉下来的小石子，你们也可以到博物馆里去看一看。这样以流行的形式在天空中飞行的小石子，你可以经常在晚上探头看到。它们就像是懒惰晚起的小学生，孤单单地尾随在彗星粉碎后的云层后面。好了，我的曲别针的故事讲完了。你们都该回去休息了，不然明天该起晚了！"

第十六章
被埋没的城市

我们北欧人对南欧的美景多是没有见过的,那里的天空蓝澄澄的,美丽的花朵都会在地中海对面吹来的暖风抚慰下盛开,很多的桂树林生长在岸边,阳光下果园里的柠檬和柑橘都散发着金黄色的光芒。啊,意大利这个地方真的很可爱!

认真听,在春季的田野里,一个农夫正迎着烈日辛苦地耕耘。他的神气悠然自得,泥烟斗始终都没有离开自己的嘴,暖雨浇灌后的泥土上还冒着蒸蒸的热气,他把铁犁擦得亮亮的。一座被人们称做是维苏威的锥形山脉高耸立在他的附近,样子看起来很像是糖宝塔。这山和农夫一样也会吸烟,不过它是个危险的家伙,它根本就是一座火山,头顶上不时地有烟柱升起来。它痉挛发作时就会有一种奇怪的噪音迸发出来。由燃烧的石子和温度较高的灰尘混合而成的恶魔一般的烟火，伴随着电闪雷鸣，不断地飞向空中，把周围的一切毁灭掉。那个时候，南欧意大利的风景就有些不太迷人了。灰尘覆盖了湛蓝的天空，燃烧的石子引燃了桂树林，灼热的泥土会把果园里的柠檬和柑橘连同果园统统埋没。

可是此时喷吐着烟雾的火山倒也安静。这农夫就在它的近旁犁地，嘴里还优哉游哉地衔着烟斗。有块硬邦邦的东西忽然撞到了他的铁犁上。"应当是石子。"他这样想着，同时弯腰去把这个碍事的东西挪开。等到拿起一看，他才发现这是个做工十分精巧的精美黄铜壶。等一层层的泥土和灰烬被他刮去之后，他发现这是种样式稀有的东西，现在都不生产了，由此推断这壶的年代应当很久远了。

农夫如同当上国王一样地高兴。他拿着这只铜壶左左右右地看了很多遍，"这个收获真的很难得！"他这样想着，又过了一会儿，他把这铜壶在一边找个地方放了起来。他的妻子一定会特别地高兴，假如有这样的一个精致铜器出现在她的碗橱里。

农夫继续耕地，不知不觉到了中午。就在他正打算收工的时候，突然，又有一个东西挡住了犁头去路，使铁犁动弹不得。农夫感到奇怪了："嗯，今天这横财是发定了！"这东西又被农夫拿铁铲挖了出来。这东西太重了，提起来都非常困难，这是个什么东西呢？这是一个一米高的金属烛台，上面是个五分叉、下面是个狮爪底。

这个农夫是个机敏的人。"有其一必有其二，好事接连不断！"他一边想着，一边把草帽抛向背后，任凭额头上的汗珠飞舞着，他也不予理睬，接着向下挖去。下面有好多的灰，这应当是火山在很多世纪之前喷发出来的。又有一个小巧的手镜被他发现了，再向下，忽然又挖不动了，一个砖瓦的建筑出现在他面前。农夫心里想着："这下面一定是间屋子，不然哪里来的这些砖瓦呀？"

铜壶、烛台、手镜被农夫小心翼翼地装上车子，他乐呵呵地回家了。不错，

有其一必有其二,好事接连不断呀!

今天对于这个在火山旁住了大半辈子的穷苦农夫来说，真是个大幸的日子。

看到这些好东西，农夫的妻子很高兴，这些东西真的太美丽了。妻子找了一个最好的房间来放置这些东西，但是在歪歪斜斜的桌子和下面披满柴草的椅子衬托下，它们总是很扎眼。

农夫又陆续挖掘了几天后，就再没有挖到什么东西。一辆华丽的车子在一天黄昏时慢慢向农夫的住处驶过来，路上车子经过的地方升起了一条青色的烟带，当时农夫正一边悠然地吸烟，一边在茅屋门前对他的骡子驾具进行修补。

车子走到跟前，一位绅士从车子里走了出来。农夫向他道了声"晚安"，绅士同样友善地向农夫致以问候。

绅士问道："朋友，可不可以给我一杯酒喝？"

农夫回答："没问题的，先生。"

绅士下车走进了茅屋。那铜壶、烛台、手镜等，被饮酒的绅士发现了，它们似乎有着什么魔力吸引着绅士四处张望，不忍离去。

绅士忍不住对农夫说："朋友，你这几件世间少有的古董是从哪里来的？像你这样贫穷的家庭怎么会有这样值钱的东西？这些珍奇的艺术品少说也有上百年的历史了。"

就这样，两个人你一句我一句地说起了话。农夫开始并没有说出自己的秘密。但在得知这位绅士是一位在政府任职的官员后，他详详细细地说出这些古董的来历。

绅士明白了其中的原委，不住地点头。他叫农夫把这些古董看好了，他还会再来的，他愿意出高价收买。说完，绅士坐车走了。

农夫的门前在三天后又来了两辆车子。还是那位绅士，另外有六个衣着华丽、戴着金边眼镜的人跟着他。这些人认真地对这些古董做了检查，之后又坐车去了田野，还带上了农夫和另外几个工人。

他们挖东挖西，一直挖到晚上。任何地方向下挖都是一层几尺厚的灰。好

多的屋顶、墙壁、柱子等建筑痕迹，另外还有一些小件的工艺品，被这些人挖了出来。直到最后傍晚收工的时候，他们还发现了一具人的骨骸。

下面埋藏的是几个世纪前的一座城市，但是后来被灰烬和岩石埋没在这里了。那些有学问的人最后得出这样的结论。

农夫被有学问的人告知："朋友，这是个巨大的发现，下面是一座睡眠中的古城。它被埋藏的时间应当是耶稣基督在十字架上死后不久。被维苏威火山埋葬的一共有两座古城，它们分别是庞贝和赫鸠娄尼恩，古书中是有记载的。这最初的痕迹就是被你发现的，我们现在就要把这两座古城挖掘出来。你将会得到很大一笔酬金，当然，你首先要交出你的古董和田地。你可以用这笔酬金去买到更多的土地和美丽的房子，除了这些，葡萄园也有可能买到的。"

真的像那些人说的，农夫拿到了巨大的酬金，成了一个有钱人，他搬到下面的平原上去了。可是数百名工人在他的田地和临近的地方马上活动起来。他们把古城上面埋着的大量灰烬用车子拉到一边，一天天，一月月，没有休止，终于，古城的形状渐渐呈现在人们面前。

经过了很长的时间，我们又重新徘徊在庞贝和赫鸠娄尼恩两座古城的街道上，下面的屋子居然是被埋藏了一千七百多年的建筑，这不得不说是个奇迹呀！冒着青烟的老火山就站在背后，它遥望着这一切也尤为吃惊。这些都是对它可耻行为的控诉。古城中孤寂苍凉的街道被闪着苍白亮光的月亮看到了，它特别吃惊。不错，一千七百年前的这里根本就是另外一番景象：在当时，街道上往来不绝的是身穿白色长袍面带微笑的人们，响遍整条街道的是孩子们的嬉笑声和歌唱声。从这里经过，去往那边平原的都是坐着高轮马车的健壮年轻人。此刻，这个沉睡的城市又苏醒过来了。在地下被火山灰埋藏了多年的老房子那白色的墙壁，再次沐浴在月光里。

在废墟间徘徊的人们，看着这些祖先们曾经生活和工作，以及受难的地方，心中充满了不忍。

不错，所有这一切似乎都是昨天才刚刚发生似的！花园和高塔、宽敞整洁的街面、澡堂，城门是有高圆柱的那种，马戏院是圆形的，寺庙精美绝伦。墙上绘满奇怪的图画，屋子里到处都可以看到床铺、餐橱、碟碗、刀叉、桌椅、梳妆镜、灯台等。墙上面仍旧张贴着当时的各类告示，上面还保留着当时孩子们调皮的涂抹。商店、酒铺、药房，以及面包房，你都可以亲身进入。

直到现在，你仍然可以看到上面说的这一切，假如你获得了这样的机会，可以去阳光普照的意大利去旅行。在维苏威火山旁边，曾被它埋藏过的古城依旧可见，你可以去看一看，逛逛这座古城，欣赏一下那些壁画，这可是将近两千年前古代艺术家的作品呀！

当时和这座城市一并被埋葬的还有这个城市的居民。在人们刚刚从灰烬中把这两座古城挖掘出来的时候，一进屋子就可以看到人类的骨骸，他们都是被埋葬在这里的居民。映入挖掘工人眼帘的都是些令人悲切的场景：遭受劫难的人如何蜷缩在房门边，外面被雨点似的石子阻挡了，怎么也打不开；一个个子女被自己的父母抱得紧紧的；希望脱离危险的男人是如何苦苦挣扎地去砍砸墙壁；街面上的逃跑的人是如何被暴雨般的石子当场砸死。

唉，这一幅幅的图画令人心痛，对于那些无辜的死难者，就是现在的人们依然抱有深切的同情。想一想，数百年前的那个时候，他们正生活得祥和幸福，却无端地被邪恶的火山埋没，这是怎样的可悲可叹呀！

对于这两个阴森森的古城：庞贝和赫鸠娄尼恩，假如你获得了好机会，可以去美丽的南方旅游，一定要记得要去访问一次。

时间大概是在公元79年8月23日。轻轻的风把花园里一种独具的芳香洒向了蔚蓝的海面。火热的太阳光照射着庞贝和赫鸠娄尼恩城里洁白的房子，使得它们都闪闪发光。维苏威这座锥形的火山就矗立在城市的背后，葱绿的葡萄园铺满了山峦的四周。

草屋的门口忙着工作的，街面上遛弯的……都是熙熙攘攘的人群，在拱门石柱上玩耍的是群小娃娃。临近落日的时候，闺房里的妇女们正急急忙忙地收拾着自己的妆饰，她们急着去看那天晚上在大马戏团的盛大演出。

在山顶上，太阳落入海面的时候就已经飘浮了一大团黑烟。地下一阵好似压抑着的爆炸声把刚刚寂静不久的街道打破了，但这并没有引起人们的注意。这个火山就如同一只隐藏的豹子，危险极了，随时预备着对人们实行加害，它已经度过了数百年的休眠期，它都要被人们忘记了。人们依旧和往常一样，赶紧穿着漂亮的衣服打算去马戏院。

伴随着山顶的黑烟逐渐密集，地下的爆炸声逐渐响亮，轻微的震动发生在脚下的土地上。人们开始想起了火山，这是个危险的征兆，纷纷把目光投向山顶。

平平安安地度过了一夜，地壳中令人厌恶的噪声仍在继续，第二天升起的太阳似乎是被血染过了。那一大团怪异的黑云仍旧飘浮在山顶。黑云慢慢地长起来，好似一株大树，树的枝叶向四外高高地舒展着。太阳都被逐渐增大的黑云遮挡了，这使得白日变为了黑夜。天空中的灰烬猛然落下，犹如盆浇似的。一种压抑的震撼声同时在山里发出，渐渐黑暗的天空开始有明亮的火光在闪动。距离这里非常遥远的海面和岸边，那里的人们依然是享受着日光的沐浴，他们望着这座可怕的火山，心中充满恐惧，他们开始为山下的居民感到担心。

蛇一般的火焰在正午的时候忽然在火山口喷发出来，葡萄园以及周围的一切东西都被这轻柔的身影烧毁了，临近的大小房屋全都被破坏了。痛哭中的居民布满了庞贝和赫鸠娄尼恩城市的街道四处，背负着行李和日用品的人们想要离开城市去往远处的平原地区。可是更大的灾害还在后面！无数灼热的石子从火山的内部迸发出来，数百个正在逃难的人都被砸死了。就这样，在晚上和白昼出逃的男女老少躺满了整条大路。田野里，那些有幸躲过打击的人们，一路狂奔，心中充满了恐惧，厚厚的灰尘堆满了全身，火光在眼前胡乱地闪着，灼热的石子擦着耳边飞行。"轰隆隆"雷一般的响声不断地响起。带有硫磺臭的有毒气体不断在地面的裂缝中喷发出来。火山口的火红色的毒蛇越爬越远，它们渐渐逼近了平原。大量的难民哭喊着向前拥着，好似潮水一般。

看到这些受难的居民，好多大海对面的人们想要乘船过来搭救，但是好多的船员都被这一阵阵的石子打了回去，即便是登上陆地的，也被地面上喷发的毒气熏死了。

在这个不幸的城市里，有好多的房间里还躲藏着大量的居民。他们在尘土肆虐的街道上逃回了自己的房间里，他们不想被雨点般的石子砸死。他们在房间里坐等着获救的那一刻赶快到来。但是这怒吼的火山爆发了三天三夜都没有停下来。所有房间和躲在房间里的人们都被这越积越厚的灰烬和越堆越高的石子埋没在了下面，所有一切都寂静下来了。很多居住在幸福土地上的人们此时都站在了高岗之上，他们是在对被埋没在灰烬和石子下的庞贝和赫鸠娄尼恩进行吊祭。

等到天空中初显明朗的痕迹，地下的噪声刚见静止，尘土弥漫的空气又一次享受到阳光的照射，这已经是第四天的事情了，这个令人畏惧的地方已经有胆子大的人率先走了上来，可是两个城市——庞贝和赫鸠娄尼恩，早已不见了踪迹，它们被淹没进了灰烬的海洋。到处都是直达到膝边的灰烬。可是维苏威火山依然在远处孤寂地耸立在混浊的空气里。

人们只得退了回去，就在几天前还是人声鼎沸的两个富饶的大城市，此刻却都变成了茫茫灰烬，这是人们无论如何也想不到的事情。